首善全圖

1840년대에 김정호(金正浩)가 그린 서울지도이다. 제목의 '首善(수선)'이란 수도, 서울을 뜻하는 이름으로 '서울전도'라는 뜻이다. 목판으로 찍은 지도이지만 상세한 부분까지 나타나고 있는데 이 목판(83×65cm)은 다행히 고려대학교 박물관에 소장되어 있다.

서울의 대문 역할을 오백여년간 묵묵히 해온 숭례문은 역사의 산 증인이다.

남산 정상에는 국가의 안녕을 비는
국사당이 있었으나 그 자리에 현재 팔
각정이 건립되어 있다.

서울에서 가장 유명하고 오래된 부
엉바위 약수가 남산 기슭에 있으며
지금도 맑고 깨끗한 물이 넘친다.

매일 낮에는 연기, 밤에는 횃불을 올려 변경 지방의 상황을 체크하는 남산 봉수대가 복원되어 있다.

조선 오백년간 최대 토목공사였던 서울 성곽 축조는 근대화로 그 기능을 잃으면서 훼손된 채 한때 18km중 11km정도만 남아 있었다.

중국의 제갈공명을 모시고 제사하는 와룡묘는 남산 기슭의 빼놓을 수 없는 명소이다.

조선시대에 서소문과 같이 상여가 나가는 광희문은 일명 시구문이라고도 불렀다.

임진왜란 때 시각을 알렸던 종을 걸어 놓았다하여 종현(鐘峴)이라고
불리운 곳에 지은 명동성당은 일명 종현성당이라 하였다.(성당의 아름
다운 뒷모습)

고종 황제 즉위식을 올린 원구단은 조선 호텔 자리에 있었는데 지금은 황궁우(皇穹宇)가 남아 있다.

아관(我館)으로 불리운 러시아 공사관 건물은 6.25전쟁 때 대부분 타고 탑부분만 남아 있다.

약초를 심었던 밭이 있어서 약현(藥峴)이란 고개 이름이 생겼고, 이에 따라 약현성당이라고 붙여졌다.

서울 인구 27만명이었을 때 세워진 서울의 관문 서울역. 한 때 남대
문역으로 불려지기도 했다.

대장간에서 쇠를 녹이려면
풀무질을 하는데 서울에는 충
무로 5가, 순화동에 몰려 있어
서 풀무재, 풀무골이라는 이름
으로 불려졌다.

조선시대 종루, 배오개와 같이 서울의 3대 시장의 하나인 칠패시장의
후신인 현재 남대문 시장. 예나 지금이나 활기가 넘치고 있다.

서울의 향기 1

남산 아래 큰 동네

남대문 장충단 등 중구 문화유적에 얽힌 이야기

박경룡

秀文出版社

책 머리에

  진고개·구리개·풀무재·수렛골·순청골… 하면 서울에 살았던 나이 지긋한 어른들은 귀에 익은 이름들이지만 생소하게 들리는 서울 시민들도 많을 것입니다.

  그렇습니다. 광복 이전만 하더라도 인구가 백만이 넘지 않았던 서울은 각지의 사람들이 모여들어 50년이 지난 오늘날에는 그 11배인 천백만이 되었으니 서울을 고향으로 생각하는 사람들은 그리 많지 않을 것입니다. 그러나 한 지역사회의 발전은 주민들이 그 지역을 가꾸고 사랑하려는 향토애와 자긍심을 가질 때 가능한 것입니다. 따라서 지방자치제가 실시되고 있는 이 시점에서 서울이 발전하려면 모든 시민들이 서울의 역사와 문화유산의 중요성을 깊이 인식하고 자각할 때 이루어질 수 있다고 생각합니다.

  서울은 한반도의 중심부에 위치하여 지정학적으로 볼 때도 중시되는 곳이지만 2천년 전 백제의 도읍지로 삼은 이래 조선왕조 5백년에 이어 오늘날까지 수도로서의 명맥을 이어왔으므로 전통문화의 도시이자 교육의 중심지이며, 한민족의 얼과 혼이 담겨진 정신적인 도시임에 틀림없습니다.

　이 책은 서울특별시에서 발행한 〈서울시민신문〉에 10여년간 연재하였던 글 중에서 남산 산록에서 청계천에 이르는 중구 일대의 역사, 지리, 민속 등을 뽑아 엮은 것입니다. 이 곳은 6백년간 우리 한국 역사가 전개된 주요 무대였던 만큼 숱한 영욕과 애환이 담겨져 있습니다.

　필자의 욕심이겠지만 이 책을 통하여 서울 지역사 연구의 작은 발걸음이 되어 이제까지 경시해 왔거나 어둠 속에 묻혀있던 사실이 새롭게 조명되는 계기가 되고, 이 지역을 실질적으로 이끌어 온 민중 계층의 삶과 활동을 중시하는 역사인식이나 생활 철학을 세우는데에 밑거름이 되었으면 합니다.

　경제불황의 어려움 속에서도 이 책을 출판하겠다는 용단을 내린 수문출판사 이수용사장께 고개 숙여 감사드리며, 연말의 분주함 속에서도 알뜰하게 편집, 교정에 힘써 준 편집부 직원들에게도 고마움을 표합니다. 또한 이 책이 나오도록 지원해 주신 중구문화원에 깊이 감사드립니다.

1997년 12월　지은이

4. 서울이 있기까지

5. 아쉬운 역사 유적

6. 보존해야 할 유산

1
흐뭇한 미담

고운담골(美洞)

통역관 홍순언의 미담이 깃든 을지로 1가

을지로(乙支路)라는 이름이 광복 후 고구려 을지문덕 장군의 성을 따서 제정된 것은 잘 알려진 사실이다. 조선시대에는 이 곳에 구리개(銅峴), 은동(銀銅) 등 금속과 관련된 동명이 있었기 때문에 일제 때는 황금정(黃金町)이라고 불렀다.

현재는 그 이름을 듣기 어렵게 되었지만 을지로 1가와 남대문로 1가에 걸쳐 '고운담골(美洞)'이란 동명이 있었다. 그렇다면 왜 이와 같은 동명이 유래되었을까?

조선 선조(宣祖) 때 홍순언(洪純彦) 통역관이 이 곳에 살았다. 그는 서얼(庶孼) 출신으로 높은 관직에는 오를 수 없었으나 통역 뿐만 아니라 문장도 뛰어났고, 인품도 출중하였다. 또한 남의 불행한 것을 보면 참지 못하는 의기의 남자였다고 각종 기록에 나타나 있다.

홍순언이 어느 해인가 명나라에 가는 사신을 따라 남경 역관에 머물고 있었다. 그는 지내기가 무료하여 거리 구경을 나섰다. 이곳저곳을 구경하다 밤이 되었는데 마침 홍등가(紅燈街)를 지나게 되었다. 홍순언의 눈에 기이하게 보인 것은 집집마다 등불을 내걸고 여인의 몸값을 써 붙여 놓은 것이었다. 그런데 그 중에서 어느 집 대문에 써 붙인 여인의 몸값이 너무나 엄청난 가격이어서 놀라지 않을 수 없었다. 호기심이 생긴 그는 마음을 크게 먹고 그 집안으로 들어갔다.

조금 있으니까 주안상을 든 소복한 미녀가 들어와 절을 하고 고개를 드는데 홍순언은 저도 모르게,

"허!"

하고 벌린 입을 다물지 못하였다.

그도 그럴 수밖에 없는 것이 들어온 처녀의 미모가 마치 하늘의 선녀 같고 고결한 인품이 공주와 다름없지 않은가.

'필시 무슨 곡절이 있을 것이다.'

이렇게 생각한 홍순언은,

"보아하니 귀한 댁의 규수 같은데, 대체 어찌된 일이오."

하고 묻자 처녀는 입을 열지 않다가 마지못해 눈물을 흘리면서 말문을 열었다.

"원래 저는 절강(浙江) 지방 사람인데 외동딸로 곱게 자랐습니다. 그런데 가세가 기울어져 아버님이 벼슬을 구하려고 서울에 올라왔기 때문에 부모를 따라왔습니다. 그런데 불행히 며칠 전에 부모님이 전염병으로 한 날에 갑자기 돌아가시니 저는 혈혈단신이 되었습니다."

"역시 그런 사정이 있었구만. 그런데 장례는 어떻게 지냈소."

"예. 장례를 지내기도 막막하던 차에 이 집주인이 주선하여 간신히 치렀지만 이제 고향으로 부모님의 시신(屍身)을 모셔야겠고, 그 동안의 진 빚도 갚으려면 제 몸을 팔지 않으면 아니 되겠기에 오늘 처음 나온 것입니다."

하며 울음을 참지 못하는 것이었다.

이 말을 들은 홍순언은 민망히 여겨,

"내 비록 큰 부자는 아니지만 여기 얼마 되지 않으나 이 돈으로 진 빚을 갚고 고향에 돌아가 좋은 사람을 만나 잘 살도록 하시오."

하고 주머니를 털어 선선히 2천금(二千金)을 주고 그 자리를 일어섰다.
이에 처녀는 너무 감격하여 큰절을 세 번이나 하더니,
"하늘이 소녀를 버리시지 않으시는가 보옵니다. 대인의 은혜는 반드시 잊지 않겠습니다. 다만 대인의 성함이라도 알려 주십시오."
이에 홍순언은 거절했으나 처녀는 끝내 홍순언의 이름을 알고서야 그 돈을 받았다.
그로부터 몇 년 후 선조 17년(1584).
홍순언은 조선 왕실의 계보가 명나라 「대명회전」에 잘못 기록된 것을 고치기 위해 파견되는 사신 황정욱을 따라가게 되었다. 그런데, 명나라 서울 부근 조양산에 도착하니 전에 없이 구름 같은 장막을 치고 조선 사신 일행을 맞이하는 것이 아닌가.
영문을 모르던 차에 명나라 예부시랑 석성(石星)이 홍순언을 따로 자기 집으로 초청하였다. 석성이 홍순언을 자리에 모신 뒤 부인을 들어오게 하는데, 그 부인이야말로 전에 자기가 구해준 처녀가 아닌가. 어리둥절하는 홍순언에게 그 부인은 지난 일을 이야기해 주었다. 즉, 그녀는 고향에 돌아가 얼마후 석성의 계실(繼室)이 되었다. 그러나 그녀는 홍순언의 은혜를 잊지 못해 틈틈이 비단옷감을 짜면서 '보은단(報恩緞)'이라는 꽃무늬의 글자를 수놓았다. 그리고 홍순언이 조선 사신을 따라 명나라에 들어오기만을 기다렸다는 것이다.
이리하여 석성의 노력으로 조선의 요구는 관철되었다. 이윽고 귀국길에 오르자 석성의 부인은 보은단과 각종 예물을 홍순언에게 선사하였다. 이로부터 홍순언이 사는 곳을 보은단골, 고운단골이라 하였다는 것이다.

부엉 바위

암지네와 사랑을 나눈 한은석의 전설

중구 예장동 산 5번지(숭의여자 전문대학 서쪽), 남산 공명골(孔明谷)에는 부엉바위(휴암 : 鵂岩)가 있다. 바위모습이 마치 부엉이처럼 생겼다하여 부엉바위라고 칭하기도 하지만 간혹 범바위라고도 부른다. 이 바위 밑에는 물맛이 좋은 약수가 나오는데 옛부터 이 약수는 위장병에 특효가 있다고 많은 사람들에게 알려져 있다.

조선 중기 영조 때, 어느날 밤 이 바위 위에 한 선비가 앉아 신세타령을 하고 있었다.

"제기랄, 세상이 이다지도 험하단 말인가. 부자(父子)간의 정리를 끊는 말세에 내 이제 죽지 못해 살아온 몸, 이제 얻어 먹기도 힘이 드니 차라리 죽는 것이 낫겠다. 이 바위 위에서 떨어져 죽자.

아니다, 이 바위 위에서 떨어지면 죽지도 못하고 자칫하면 병신만 되기 쉬우니 나무에 목을 매고 죽어 버리자."

죽기로 마음 먹은 선비는 바위 위에서 내려와 목을 맬 나무를 두리번 두리번 찾았다.

마침 부엉바위 바로 아랫쪽의 나뭇가지에 목을 매기에 안성마춤인 것

같았다.

그는 줄을 걸기 위해 나무에 오르기 시작하였다.

바로 이때였다.

"사람 살려요."

별안간 어디선가 여인의 비명 소리가 들려왔다.

'이 밤중에 웬 여인의 소린가?'

나무에 목을 매려던 선비는 귀를 기울여 소리가 나는 방향을 찾았다.

"사람 좀 살려줘요!"

여인의 음성은 아주 가까이 들려왔다. 잠시 후에 삼십이 채 안되어 보이는 여인이 선비 앞에 나타났다.

"아니, 젊은 여인이 밤중에 웬일이시오?"

선비는 의심이 더럭 들어 여인에게 물었다.

"네, 한밤중에 길을 잃었습니다. 저를 좀 도와주십시오."

"대관절 어디 사시기에 밤길을 잃으셨소?"

"네, 문 안에 복숭아를 갖고 갔다가 날이 어두워서 길을 잃고 말았는데 금방 귀신이라도 나올 것만 같아서 그만 무서운 생각에 창피를 무릅쓰고 소리를 지르게 된 것이어요. 이제 가만히 살펴보니 길을 알 것 같습니다만 혹 바쁘시지 않으시면 저의 집이 바로 요너머 과일밭이오니 저를 좀 데려다 주시어요."

이렇게 부탁한 여인은 손에 짐을 들고 있었다. 여인은 짐을 선비에게 넘겨 주면서 들어 달라고까지 하였다.

'허허, 일이 묘하게 되었군. 죽기로 작정한 사람에게 도와 달라고 청하다니……'

조금 전까지만 해도 죽으려 했던 선비의 이름은 한은석(韓恩錫)으로서

부엉 바위(범 바위) 밑에 약수가 있는데 지금도 범바위 약수로 맑고 시원해 많은
사람이 찾는다. ▶

일찍기 관직에 있다가 영조에 의해 사도세자가 죽음을 당하는 것을 보고
는 관직에 환멸을 느껴 벼슬을 버리고 초야에 묻혔다.

하지만 워낙 결백한 한은석은 모아 놓은 재산도 없는데다가 가족은 많
아 살림이 몹시 궁핍하였다. 그래서, 한은석은 견디다 못해 자신의 신세
를 한탄하고 자결을 하기로 한 것이다.

갑자기 만난 여인의 청을 거절하지 못한 한은석은 여인을 따라 밤길을
더듬어 나갔다. 여인의 집은 남산 너머 후암동 복숭아 밭에 있었다.

그가 여인을 따라 집으로 들어가니 식구라곤 아무도 없었다.

얼마 후에 여인은 조촐한 주안상을 차려 내왔다.

한은석은 여인이 따라 주는 술과 음식을 배불리 먹고, 그 밤을 여인과
함께 지내는 행운을 얻었다. 그러나 두 남녀에겐 밤이 그렇게 짧을 수가
없었다.

아침이 되어 한은석이 돌아가려 하니 여인은 수십냥의 돈까지 내어 주
었다. 그러나 성격이 대쪽 같은 한은석이 돈은 받으려 하지 않았으나 여
인은 막무가내로 손에 쥐어 주는 것이었다.

할 수 없이 한은석은 돈을 받아가지고 집으로 돌아오고 말았다.

그 후부터 한은석은 매일 밤 그 여인의 집을 찾아가서 달콤한 밤을 보
냈다.

그런데 어느 날이었다. 이 날 밤도 한은석은 후암동의 여인의 집을 찾
아가려고 남산 부엉바위 앞을 지나게 되었다.

그때 어디선가

"아, 가엾은 사람이로군. 오늘이 마지막인데 그것도 모르고 가다니…
…."

한은석이 주위를 살펴보니 부엉바위에 한 노인이 앉아 있었다. 한은석
은 괴이쩍게 여기면서 노인을 쳐다보았다.

"노인께서 지금 뭐라고 하셨습니까?"

“허허, 내 답답해서 그러오.”

“무슨 말씀이십니까.”

“당신이 가엾단 말이오. 오늘이 마지막인 것도 모르고 있으니…… 당신은 오늘밤 그 계집한테로 가면 죽고 마오.”

“네? 노인장은 도대체 누구이시기에 남의 앞 일까지 아신다는 말씀이십니까?”

“나에 대해서는 묻지마오. 실은 그 계집은 사람이 아니라 수천년 묵은 지네인데 사람의 진을 빼먹는단 말이오. 그동안 당신도 그 계집한테 진을 빼앗겨 왔는데 오늘밤을 마지막으로 당신은 죽고 마오. 하지만 내가 시키는대로 하면 당신은 살 수가 있소. 이 담뱃대에 담배를 꼭꼭 담아가지고 입으로 빤 후 입 안의 고인 침을 절대로 뱉어서는 아니되오. 고인 입안의 침을 그 계집의 얼굴에 뱉으시오. 그래야만 당신은 살 수 있소. 자아 이 담뱃대를 가져 가시오.”

하고 노인은 한은석에게 담뱃대 한개를 주었다.

한은석은 아무리 생각해 보아도 괴이한 일이었다. 우연히 그 여인을 만나 그녀의 호의로 이렇게 호강을 해오는 터에 그 착한 여인이 자기를 해치는 무서운 지네라니 도무지 믿어지지 않았다.

그러나 밤중에 부엉바위에 나타난 노인도 범상한 사람이 아닌것 같아 노인의 말을 믿지 않을 수도 없는 일이었다.

한은석은 곰곰히 생각하며 노인이 시킨대로 담뱃대를 입에 물고 여인의 집으로 갔다. 한은석은 여느때와 다름없이 태연하게 대문을 흔들었다.

그러자 안에서 급히 달려 나오는 여인의 소리가 들려왔다.

‘입 안의 침을 뱉아라. 그러면 네가 산다’

한은석은 어찌할 바를 몰랐다. 이다지도 어여쁘고 마음씨 고운 여인을 어찌 죽인단 말인가.

“여보, 밤길에 오시느라 얼마나 고생하셨어요?”

여인은 대문을 열며 반색을 하였다.

이때 당연히 한은석은 입안에 고인 침을 여인의 얼굴에 뱉어야만 하였다. 그러나 한은석은 차라리 자기가 죽더라도 노인이 시킨대로 할 수가 없었다.

한은석은 입안의 침을 땅에 '탁' 뱉어버렸다.

"아이고, 서방님 고맙습니다. 정말 고마와요."

한은석이 땅에 침을 뱉자 여인의 얼굴은 기쁨으로 가득하였고, 몇번이고 고맙다고 허리를 굽혔다.

"실은 서방님이 아까 만났던 노인의 말대로 저는 지네입니다. 그리고 그 노인은 천년 묵은 지렁이입니다. 그런데 제가 먼저 사람이 되는 것을 질투해서 서방님을 시켜 저를 죽이려 했던 것인데 서방님은 저를 살려 주셨습니다. 그 은혜를 무엇으로 갚아야 할지…… 여기 돈 만냥이 있사오니 거두어 주십시오."

하고 여인은 많은 돈을 내어 놓았다.

한은석은 어리둥절하였다. 너무나 많은 돈을 보고 꿈인지 생시인지 분간할 수가 없었다.

그날밤도 한은석은 여인과 단꿈을 꾸고 이튿날 집으로 돌아갔다. 또 다음날도 한은석이 여인의 집을 찾았더니 이게 웬일인가. 어제까지만 해도 어엿하게 있던 집이 자취도 없는 것이 아닌가.

한은석은 너무 허망하였다. 지네의 변신인 그 여인이 사람이 되어 어디론가 사라진게 틀림없다고 생각하였다.

그 후 한은석은 여인이 준 돈으로 풍족한 생활을 누렸고 그의 자손들도 번창했다고 한다.

약 식(藥食)

중림동 약현에서 만든 찹쌀 밥

옛부터 정월 대보름날이면 원석(元夕)이라 하여 약밥과 약과를 만들어 먹는다.

약밥을 만들어 먹게 된 까닭은 「동국세시기(東國歲時記)」에 보면 다음과 같은 이야기가 씌어 있다.

신라 21대 소지왕(炤知王)이 정월 보름날 신하들과 함께 천천정(天泉亭)으로 나갈 때 어디선가 까마귀가 은그릇을 물고 날아와 왕의 행차 앞에 떨어뜨리곤 주위를 빙빙 돌다가 날아가 버렸다.

"괴이하다. 까마귀가 은그릇을 떨어뜨리고 가버리다니……."
하면서 측근의 신하가 은그릇을 주워 왕에게 바쳤다.

왕도 이상하여 이를 자세히 살펴보니 튼튼히 봉해진 그릇 바깥 면에 '이 뚜껑을 열어 보면 두 사람이 죽고, 열지 않으면 한 사람이 죽는다'라고 씌어 있었다.

이에 왕은,

"두 사람이 죽는 것보다 한 사람이 죽는 것이 낫다."
하고 그릇을 열어 보지 않으려고 하였다.

이에 한 대신이,

"그 한 사람이라는 것은 전하를 일컫는 것이 분명하니, 이 그릇을 열어 보는 것이 옳을 줄로 생각됩니다."
하고 아뢰자 왕도 그 말이 옳다고 생각하여 고개를 끄덕였다.
"여봐라 어서 이 그릇을 열어 보아라."
왕의 명에 따라 신하들이 숨을 죽이고 조심스럽게 열어 보니, 그 안에 흰종이가 있었다. 흰종이에는 다음과 같이 씌어 있었다.
'궁중의 용상(龍床) 뒤에 있는 가야금 상자를 활로 쏘아라'
이를 읽은 왕은 즉시 행차를 돌려 궁궐로 돌아왔다. 그리고 가야금 상자를 향해 활에 살을 먹여 힘껏 쏘았다. 화살이 박히자 신음 소리가 났다. 과연 그 상자 속에 두 사람이 있었다. 바로 왕비와 궁중에 출입하는 중이 정을 통하다가 왕을 죽이기 위해 숨어 있었던 것이다. 왕은 두 사람을 즉시 주살(誅殺)하였다. 그리고 자기의 생명을 구해 준 까마귀의 은혜에 보답하기로 하였다. 즉, 매년 정월 대보름날을 '까마귀 제삿날(烏忌日)'이라 하여 찰밥으로 제사를 지냈다. 이것이 약밥의 시초라고 하였다.

그러나 이 찰밥이 약밥(藥食)이라고 불리운 것이 아니므로 약밥의 명칭과 유래는 서울 약현(藥峴)에서 기원되었다는 이야기도 남아 있다.
현재 중구 중림동에서 아현동 삼거리로 넘어가는 고개를 옛부터 약현(藥峴)이라고 불러 왔다. 이는 이곳 일대를 약초를 재배하는 밭이 있었기 때문에 약현이라고 일컫게 된 것이다.
약밥이 이 곳에서 만들어져 유명하게 된 이야기는 다음과 같이 전해 온다.

예조참의 서고(徐固)의 아들 서해(徐嶰)는 일찍부터 성리학에 밝아 20세 때 이미 그의 문장과 학식이 높은 경지에 이르렀다. 그는 성년이 되자 중매 결혼을 하게 되었다.

서울역 북서쪽에 있는 삼거리, 서쪽으로 언덕 위에 있는 약현성당.

　서해는 고성 이씨(固城 李氏)를 신부로 맞아 첫날밤을 치렀는데 신부가 소경인 것을 처음 알게 되었다. 즉, 이씨의 부모는 그의 딸이 소경인 것을 밝히지 않고 서씨 집에 출가시켰던 것이다.

　서해는 이것도 그의 운명이라 체념하고 신부를 측은히 여겨 아끼고 사랑하였다. 그리하여 두 사람 사이에는 아들 서성(徐渻)이 태어났다. 그런데 불행은 너무 빨리 찾아왔다. 서해는 23세의 젊은 나이로 세상을 떠난 것이다.

　소경 과부 이씨는 남편을 잃고 슬픔에 빠졌지만 어린 아들과 함께 생계를 꾸려 나갈 일이 캄캄하였다. 이씨는 이 집안을 다시 일으키는 것이 남편의 사랑에 대한 은혜를 갚는 길이라고 생각하였다. 그리하여 친정에서 약간의 자금을 빌어 청주(淸酒)를 빚고, 유밀과(油密菓)와 찰밥을 만들어 팔기로 하였다.

이씨는 정성을 다해 다른 집보다 질이 더 좋게 술과 과자를 만들고 찰밥에 밤과 잣·호두 등을 넣어 맛있게 만들어 내놓았다. 그러자 평판이 좋아 서울 장안 사람들이 이씨 부인이 만드는 술과 과자 및 찰밥을 다투어 사갔다.

당시 이씨 부인의 집은 현재 약현 천주교회당 자리에 있었다. 따라서 그의 집에서 만든 청주를 '약주'(藥酒)라 부르고, 찹쌀로 만든 밥을 '약밥'(藥食), 유밀과(油密菓)를 '약과'(藥菓)로 칭하였다.

이씨 부인은 앞을 못보지만 사물의 이치를 짐작하여 아는 것이 많았다. 집을 짓게 되었을 때 이씨 부인이 감독하는 것을 못마땅하게 여긴 목수가 대청의 기둥을 거꾸로 세웠다. 그런데 이씨 부인이 손으로 만져 보고 나서 목수를 불러 마치 본 것처럼 그 잘못됨을 책망하므로 목수들이 다음부터 다시는 속이지 못하였다고 전한다.

번개우물

장군 귀신이 나타났던 남대문시장 부근

조선과 독일이 국교를 맺은뒤 독일 영사관은 1901년부터 6년간 남창동 남대문시장 자리에 2층 벽돌건물을 사용한 적이 있다.

1905년 경에 스웨덴 신문기자 그렙스트는 일본인을 피해 서울에 몰래 들어 왔었다. 그는 어느날 독일 영사관을 방문했던 길에 독일 영사로부터 이곳 정원에 있던 우물에 관해 들은 이야기를 기행문으로 남겼다.

당시 독일영사관이 있던 곳을 상동(尙洞)이라고 칭했는데 조선초에는 이곳에 5개의 궁궐이 있었으므로 오궁궐이라고도 불렀다 한다.

독일영사관이 자리잡은 곳은 오궁궐 중의 하나로서 수년동안 장군 모습의 귀신이 나타났다는 것이다. 이 귀신은 항상 자정이 되면 말을 타고 나타나 말발굽소리를 내면서 궁궐문을 통과했다. 이 장군 귀신이 나타남으로 해서 궁궐은 오랫동안 빈채로 버려져 있었다.

어느날 상(尙)이란 가난한 선비가 상경하여 장군 귀신이 나타난다는 궁궐 가까운 여인숙에 머물게 되었다. 담이 큰 상은 장군 귀신이 나타난다는 이야기를 듣자 이 소문의 진상을 캐보기로 작정하였다. 그는 폐허가 된 궁궐에 묵을 수 있는 허가를 받았다. 수행했던 노복(奴僕)이 따르려고 하지 않자, 그는 혼자 궁궐로 거처를 옮겼다. 상은 밤이 깊어지자 등잔불을 켜고 앉아 귀신이 나타나기를 기다렸다.

자정이 지나 새벽 1시경.

상의 눈꺼풀이 감겨질 무렵, 문 밖으로부터 천둥 치는 듯한 큰 목소리가 들려오자 정신이 번쩍 들었다.

"흙상자, 흙상자, 문을 열어라!"

세번 반복된 소리는 분명 사람의 목소리였다. 상이 가만히 앉은 채 귀를 곤두 세우니 조금있다가 땅 속에서 누구에게 목을 졸린 듯한 목소리가

"오늘 밤은 안된다. 상정승(尙政丞)이 여기 있기 때문이다. 오늘은 가고 내일 오너라."

그러자 이 소리에 문 밖의 말발굽소리가 멀어져 갔다. 다시 주위가 조용해지자 상은 땅속의 목소리가 왜 자기를 정승이라고 칭했는지 궁금해서 그를 부르기로 했다.

"흙상자, 흙상자. 너는 누구이며 무슨 이유로 흙상자로 불리우는지 그 까닭을 말해다오."

그러자 땅속의 목소리가

"옛날 옛적 이 궁궐에서 살던 아이들이 정원에서 놀고 있었다. 아이들은 진흙으로 상자를 만들고 그 속에 사람 모습을 한 물건을 넣었다. 그런 뒤 아이들은 귀신을 막기 위해 장군의 형상을 그려 성문 밖에 붙여 놓았던 그림을 갈기갈기 찢어 그 종이 조각을 흙상자 안에 붙여 놓았다. 그 흙상자는 당신이 앉아 있는 땅속에 묻혔다. 당시 집없는 귀신이었던 나는 집을 장만할 수 있는 절호의 기회로 삼아 흙상자 안의 사람 모습의 형상을 차지하였다. 그런데 장군그림에 붙어 살던 귀신은 그림이 찢겨지자 쫓겨나서 그 후로는 밤마다 나를 찾아와 집을 돌려 달라고 조르는 것이다."

이 말을 들은 상은 그 이튿날 아침에 사람을 시켜 흙상자를 파내어 부수어 버렸다. 그 후로는 귀신이 나타나지 않아 상은 이 궁궐을 차지할 수 있었다.

얼마후 상은 지방을 다녀오는 길에 서울에 가까이 이르렀을 때 어느 노인이 그를 보고 서울쪽을 손가락질하며

"보라, 너의 집을 보라. 너의 집에 무슨 일이 일어날 것이다."

상이 고개를 돌렸을때 번개가 치는 것을 보았다. 상은 말에 채찍질을 가해 집에 당도하니 집은 무사했으나 번개가 정원 한가운데에 큰 구멍을 뚫어 우물을 만들었다. '번개우물'이라고 붙인 이 우물의 물맛은 매우 좋아 유명하였다.

이 상(尙)이란 선비는 후에 정승 자리에 올랐는데 이 선비를 상진(尙震)정승이라 일컫는 것 같다.

마제은(馬蹄銀)의 주인

남산 샌님이 받은 말굽 은

서울 남산골에는 과거에 실패한 가난한 선비들이 많이 모여 살았다.

이서우라고 하는 선비도 빈한하여 조반석죽(朝飯夕粥)이 곤란한 처지였으나 그래도 공부를 쉬지 않고 밤을 새우기가 일쑤였다. 겨울밤은 긴데다가 추운 기운이 더욱 심해서 살을 에이는 듯했지만 불기운 없는 찬 방에서도 이서우는 오히려 이를 악물고 글을 읽어 나갔다.

때는 정월 보름날.

아침부터 눈이 내리더니 저녁 무렵에는 하늘이 개이면서 보름달이 휘영청 밝았다.

이서우는 손끝을 호호 불면서 책 읽기를 쉬지 않았으나 아침에 죽 한 그릇을 얻어 먹고, 종일 굶어 가면서 공부를 하자니 목소리가 도무지 나지 않았다.

그래도 이서우는 허리띠를 더욱 졸라매고 마른 침으로 입술을 축이면서 정신을 가다듬어 글을 읽었다. 그런데 갑자기 들창 너머로부터 무엇인가 방바닥으로

"툭"

하고 떨어지는 소리가 나지 않은가.

밤이 이슥하여 바깥은 캄캄한데 별안간 소리가 났으므로 이서우는 깜짝 놀라 방바닥에 떨어진 물건을 살펴 보았다. 그것은 다름이 아니라 먹음직한 약식 한 그릇이 보자기에 싸여 떨어진 것이 아닌가.

이서우는 누가 던진 것인지 알 길이 없어, 창밖을 내다보니 아무 인기척이 없었다.

하는 수 없이

"보름 잔치에 만든 음식인가 본데 참 고마운 분도 있구나."

하고 혼잣말로 고마움을 치하하면서 약식을 맛있게 먹었다.

그런데 약식 속에 말굽 은(馬蹄銀) 한 덩어리가 들어 있자 이서우의 눈은 휘둥그레졌다. 그러나, 이서우는 말굽 은을 쓰지않고 소중히 간직하였다.

이서우는 전과 같이 모진 고생을 하며 공부를 계속하여 과거에 급제하고 관직에 올라 숙종을 모시게 되었다.

그 후 어느해 정월 보름날 밤의 일이다.

숙종은 신하들과 보름달 잔치를 베풀고 놀다가 문득,

"경들은 들으시오. 아마 4년 전의 일인가 보오. 짐이 암행으로 남산 어느 집에 이르니 쓰러져가는 초갓집에서 글소리가 들리기에 발길을 그곳으로 옮겼소. 그런데 얼마나 굶었는지 소리를 잘 내지 못하는 것이 아니겠소. 그래서 짐은 그 선비의 모습이 보기에 하도 가긍하여 수행한 별감을 시켜서 약식을 가져다가 몰래 창너머로 던지게 하고 피신했는데 그 선비가 지금은 어찌 되었는지 모르겠구만. 오늘밤도 그 날처럼 달이 밝으니 그 생각이 나는구려."

이 말을 옆에서 듣고 있던 이서우는 갑자기 숙종 앞에 부복을 하였다.

"그날 밤에 약밥을 받은 것은 바로 소신이었습니다. 밤은 깊은데 끼니를 굶고 냉방에 앉아서 글을 읽노라니 자꾸 정신이 희미해지는 차에 약식 한 그릇이 떨어지기에 고맙게 받아먹고 기운을 차려 글을 계속해 읽었던 것입니다. 그리고 그 이듬해 봄 과거에 급제하여 이렇게 전하를 모시게 되었아오니 성은이 망극하옵니다."

이렇게 말하는 이서우의 눈에선 눈물이 흘러 내렸다. 숙종은 매우 기뻐하며 이서우에게

"그랬던가. 그러면 그 약식 속에 다른 것은 없었던가?"

"예, 말굽 은 한 덩어리가 있었는데 이것은 누구의 것인지 몰라서 지금까지 간직하고 있사옵니다."

숙종이 그것을 가지고 와 보라해서 살펴보니, 전날대로 조금도 닳지 않았다.

"경은 과연 청렴한 인물이로다."

숙종은 크게 칭찬한 뒤에 은을 다시 내려주고 이서우의 벼슬을 더욱 높여 주었다고 한다.

새 문 밖의 선술집

인조반정을 모의하던 서대문 밖의 선술집

이기축(李起築)은 효령대군의 8세손인 종실(宗室)로서 젊어서는 방랑하며 무술을 익혔다. 인조반정 때 주모자의 한 사람인 이서(李曙)와는 종형제(從兄弟)로서 뜻이 서로 통해 절친한 사이였고, 인조반정의 공신으로 병자호란 때는 어영별장(御營別將)으로 남한산성에서 청군과 싸웠다.

그는 종2품의 장단부사(長端府使)까지 벼슬이 올랐으며 완성군(完城君)에 봉해지기도 했다.

그런데 이기축이 출세한 이면에는 다음과 같은 이야기가 전해온다.

이기축은 일찍 부모를 여의고 또한 집이 몹시 가난했다고 한다.

그는 장가를 들었으나 부인이 일찍 죽어 홀아비가 되었다. 그러나 다시 재혼할 형편도 되지 않아 초라한 신세로 여기저기를 떠 돌아다니다가 충청도 홍주(洪州)에서 밥이나 얻어먹는 머슴살이를 하기도 하였다.

마침 집주인 김씨에게는 과년한 딸 하나가 있었다. 그 딸은 인물도 아름답거니와 재주가 비상하여 두루 혼처를 구하는 판이었는데, 천만 뜻밖에도 부모에게

"저는 다른데로 시집가기 싫으니, 머슴 이서방에게 보내주세요."

하고 고집을 부렸다.

그러자, 부모는 펄쩍 뛰고 크게 야단을 쳤으나 끄떡하지 않았다.

이윽고 그녀의 부모는 그들을 내쫓아 버렸다. 집에서 내쫓긴 여인은 할 수 없이 마을을 떠나 서울에 올라가서는 새문(서대문) 밖에 집을 하나 얻은 다음 기축과 작수성례를 하고 선술집을 차렸다.

어느날 인조반정 모의에 바쁜 사람들이 그 집에 모였다. 그러자 여인은 기다리기나 했다는 듯이 그들에게 맛좋은 술과 안주를 내어 놓았다. 그리고 은잔을 내어 잔에 넘치도록 술을 가득 부어서 능양군에게 먼저 올리고 다음에 차례로 공손히 잔을 돌렸다.

"술값이 얼마요."

모두 향기 높은 술에 거나하게 취한 그들은 신발을 신으며 물었으나

"술값은 받지 않습니다. 또 오세요"

라고 여인은 말했다.

그러자 반정모의를 하던 사람들은 퍽 의아해 하면서 두어마디 숙덕거리다가 돌아갔다.

그 이튿날 여인은 술청문을 닫고 장사를 하지 않았다. 그리고 이기축을 불러서 맹자(孟子) 책을 주면서

"여기 이 대문(大文)을 어제 제가 은술잔으로 술을 부어드린 분을 찾아가서 물어오세요. 그 어른의 집은 사직골에 있습니다. 연기는 비록 젊으시나 귀한 분이시므로 그 댁 사랑방에 들어 가려하면 하인들이 가로막을 것입니다. 그러나 막는다고 물러서지 말고 문밖에서 다투세요. 그러면 들어오라 하실테니 들어가서는 이 대문을 가르쳐 줍시사고 하세요. 누가 이렇게 시키더냐 묻거든 제게 미루시고 물러가라거든 오십시오."

아무것도 모르는 이기축은 그 아내가 시키는대로 맹자책을 옆에 끼고 능양군의 집으로 향하였다.

사랑에서 아침을 들던 능양군이 들으니 대문 밖이 매우 떠들썩하였다.

"여봐라 거 무얼 그러느냐?"

밀창을 드르르 열고 내다보니 어제 갔던 선술집 여주인의 서방이 안으로 들어오는 것을 청지기가 말려 승강이를 하고 있는 것이었다.

능양군이 그를 들여 보내라 하였다.

"그래 무얼 하러 왔는고."

이기축의 절을 받으며 능양군이 물었다.

"글을 배우러 왔습니다."

"삼십이 넘는 사람이 글을 배우다니, 무슨 글을 배우려 하는고?"

능양군이 의아해 묻는 말에 이기축이 가지고 간 맹자책에서 펼친 것은 탕(湯)임금이 걸(桀)을 내쫓고, 주무왕(周武王)이 주(紂)를 쳤다는 대문이었다.

능양군은 한참 아무말 없이 술집 사내에 지나지 않는 이기축의 얼굴을 바라보면서 묻기 시작했다.

"누가 이걸 배워오라 하던고?"

"소인의 아내입니다."

"알았네, 물러가게"

이기축을 보낸 뒤에 능양군은 매우 걱정이 되었다. 술값을 받지 않는 것부터가 의심스러운 일이었는데 또 걸·주(桀·紂)를 내쫓은 대문을 갖고와서는 가르쳐 달라고 하다니……

하루종일 여러가지 생각을 해보다가 저녁에 다시 여럿이 모이게 되자 아침에 있었던 이야기를 하였다.

"그냥 두었다가는 안되겠습니다. 필시 우리의 모의하는 내용을 눈치챈 모양이니 지금 곧 가서 처치해 버립시다."

원두표(元斗杓)가 주먹을 쥐고 일어섰다. 그리하여 여럿은 지난 밤 그들이 술을 먹던 집으로 들이닥쳤다.

여인은 공손한 예로 그들을 맞았다. 그리고 맛좋은 술과 안주를 내놓았다.

"어제부터 저 어른들에게는 술을 은잔으로 먼저 부어 드리고 우리는 다른 잔으로 나중 마시게 하니 무슨 곡절이 있는가."

원두표가 공연한 트집을 부렸다. 만약 조금이라도 수상하면 요절을 내버리려는 것이었다. 그러나 여인은 조금도 겁내는 기색이 없이 단정히 앉아서 입을 열었다.

"소녀가 아뢸 말씀이 있습니다. 소녀의 지아비는 나랏님과 동성이옵고 소녀 또한 평민의 자식이 아니올시다. 소녀는 여러분께서 큰일을 도모하시는 줄 아오니 제발 소녀의 지아비도 참여케 해주십시오. 비록 빼어난 재주는 없으나 마음이 충직하고 힘이 장사이오니 여러분의 일에 도움이 될까 하옵니다."

여러 사람들 모두 입이 딱 벌어졌다. 대관절 어떻게 반정(反正)의 비밀 모의 내용을 알았단 말인가. 한동안 아무도 입을 열려는 사람이 없었다.

얼마 뒤에 능양군이 물었다.

"무슨 수로 우리가 도모하는 일을 알았는고."

여인은 옷깃을 여미고 나서

"제가 자란 동리에서 술수(術數)에 신달(神達)한 처사(處士) 한 분이 살았습니다. 소녀는 어려서부터 그를 스승님으로 섬겨 여러가지 술수를 배웠습니다. 그래서 천문지리 보는 법을 과히 모르는 바 없이 터득하였습니다. 그런데 스승님은 연전에 세상을 떠나시고 술수하는 사람이라고는 저 혼자 남았는데 천문을 본즉, 혼군(昏君)은 가고 어진 인군이 대신할 천상이었습니다. 한편 소녀 집 머슴 기축의 상을 보온즉 귀히 될 상이라 부모님의 뜻을 어기옵고 집을 나와 여기서 이렇게 선술집을 차리고 여러분께서 오시기를 기다린 것입니다."

라고 말하였다.

이리하여 그 뒤부터 반정 모의는 주로 이 집에서 하게 되었고 그런 때는 언제나 술과 안주가 가득히 나왔다.

한편 반정거사를 일으키던 날 이기축은 장단에서 일으킨 군사의 선봉이 되어 창의문을 부수고 입성하여 광해군을 축출하자 인조가 친히 어포(御袍)를 벗어 입혀주었다.

여지껏 이름도 없어 기축년(己丑年)에 태어났다고 기축이라고 불리우던 그에게 인조는 손수 이름까지 기축(起築)이라고 지어 주고 공신록에 올리게 하였다. 이기축이 이토록 귀하게 되기는 오로지 그의 부인의 힘이었다는 것이다.

책 방(册房)

사서삼경 등의 책을 팔았던 서점

'10년 세도는 없다'는 말이 있지만 어제까지 평교자(平轎子)에 수십 명의 수행원을 거느리고 큰길을 벽제(辟除) 소리도 요란하게 다니던 재상도 당파 싸움이나 세도 정치에 따라 관직에서 밀려나면 성시(成市)를 이루던 그의 문 앞은 쓸쓸해지고 생계마저 궁색해진다.

실각한지 얼마되지 않은 양반은 우선 송충이가 된다고 한다. 송충이는 소나무를 갉아 먹는 벌레다. 즉, 곤궁해진 양반은 소나무 숲이 무성한 산을 팔아야만 먹고 살 수 있으므로 송충이라고 칭하였다.

다음에 제 2단계는 좀벌레가 된다. 좀벌레는 나무나 옷감 또는 종이를 갉아 먹고 사는 벌레이다. 실각한 재상이 가세가 더욱 빈곤해지면 생계를 잇기 위해 갖고 있던 귀중한 책들을 팔게 된다. 그래서 이를 좀벌레라고 비유하기도 하였다.

호구지책(糊口之策)으로 중국에서 사 온 당책(唐册) 등 아끼고 위하던 책을 거간(居間)을 통해 내놓는 것이다.

실각한 지 10여년이 지나도 햇빛을 보지 못하면 가세는 더욱 기울어져 이번에는 호랑이가 된다. 즉, 집에 부리던 노비(奴婢)마저 파는 것을 비유해서 호랑이라 칭하였다. 날마다 물 긷고, 세탁하고, 장작 패고, 청소 등

집안의 갖은 일을 도맡아 하던 노비를 팔면 양반 행세는 마지막이다. 당시 노비는 상품과 같아서 100년 전 갑오개혁 이전까지만 해도 장례원(掌隸院)에서 노비문서를 관리하고 있었기 때문에 인신매매(人身賣買)는 가능하였다.

오늘날에는 종이 생산과 인쇄물의 발달로 책이 많이 보급되어 있지만 예전에는 책의 수요가 특수층에만 국한되어 있어 책값이 비싸고 책이 귀하였다. 대개 양반집에는 과거 준비와 성리학을 연구하기 위해 많은 책이 쌓여 있었는데, 이를 책방(册房)이라 하였다.

당시는 책이 대중용품이 아닌 관계로 책을 파는 서점은 드물고 오늘날 외무사원이라고 할 수 있는 책거간(册居間)이 글방이나 대가집 사랑을 드나들며 책을 팔았다.

책에 대해 전해 오는 이야기로 삼치(三痴)라는 말이 있다. 먼저 남에게 책을 빌려 달라는 것이 일치(一痴)요, 남에게 책을 빌려 주는 것이 이치(二痴)요, 남에게 책을 빌리고 돌려주는 것이 삼치(三痴)라고 하니 아리송한 말이 아닐 수 없다.

조선 말 고종 때 편찬된 「동국여지비고(東國輿地備攷)」에 보면 서울에 책사(册肆), 즉 서점은 정릉동 병문(貞陵洞 屛門 ; 신문로 덕수초등학교 입구)과 육조 앞(六曹前 ; 세종로)에 있었는데 여기서 사서삼경 등 각종 책을 팔았다고 소개하였다.

오늘날도 외국 서적이 많이 들어와 비싼 값으로 팔리고 있지만 예전에는 국내에서 찍은 책보다 중국에서 들어온 당서(唐書)를 소중히 여겼다. 따라서 몇 되지 않는 서점은 주자소(鑄字所)에서 인쇄한 책을 팔면서 뒤로는 몰래 당서(唐書)를 취급하기도 하였다. 그러나 당서는 서점에서 파는 것보다 거간을 통해 파는 것이 더 성행하였다.

당시 당서의 수입은 중국으로 가는 사신 행차 편을 이용할 수 밖에 없었다. 그래서 거의 한 달에 한 번씩 가는 셈인 사신 행차 속에 끼어 책장

사는 당서와 바꿀 인삼, 명주 등을 말에 잔뜩 싣고 떠났다. 서울에서 북경까지 3천리가 넘는 길을 왕복하려면 적어도 3개월은 걸렸다. 이와같은 서적 무역은 대개 중인층에서 행했으므로 책을 파는 곳은 자연 중인들이 많이 사는 관철동, 관수동 지역이었던 것이다.

「단종실록(원년 5월 2일자)」을 보면 이미 세종 때 책방을 설치해 판매하였다고 되어 있고, 중종 14년(1519)에도 책값과 매매조건에 대해 논의한 것을 보면 조선 초에는 책 보급에 많은 배려가 있었음을 알 수 있다.

조선 중기 영조 때 영의정에 오른 이천보(李天補)는 후손이 없었으므로 양자(養子)를 들이기로 하였다. 그러자 연안 이씨(延安李氏) 문중에서는 입양만 되면 정승의 아들이요, 책방 도령이 되므로 앞을 다투어 아들을 내놓으려고 하였다.

이정승은 문중에서 고르고 고른 끝에 총명하고 준수하게 생긴 이문원(李文源)이란 소년을 양자로 삼았다. 그리하여 시골 소년 이문원은 이정승의 양자로 들어온 뒤부터 하루종일 책방에 갇혀 글공부에만 열중하게 되었다.

그런데 웬일인지 이 소년은 날이 갈수록 글은 외우지 못하고 장난만 심해졌다. 실망한 이정승은 보다 못해 이문원을 그가 살던 시골로 돌려보내기로 결정하였다. 이리하여 시골집으로 데려다 주기 위해 이문원을 업고 남대문을 나선 청지기는 하도 딱해서,

"도련님, 일국의 정승댁에 양자로 들어왔으니 글공부만 잘하면 부귀영화가 저절로 들어올 텐데, 어쩌자고 글을 외우지 못해 쫓겨 내려가슈."
라고 말하였다. 그러자 이문원이,

"내가 글을 왜 외우지 못해. 어디 한 번 외워 볼까."
하더니 그동안 이정승 앞에서는 외우지 못하던 글을 줄줄 외웠다.

청지기는 하도 기가 막혀 대뜸 되묻기를

"그럼 왜 대감마님 앞에서는 외우지를 못하고 쫓겨 가시오."

하고 묻자, 이문원은,

"처음에는 몰랐는데, 책방 장지문을 열고 보니 책이 수천 권이나 되지 않아. 그걸 다 읽자면 머리가 세겠으니 차라리 외우지 못하는 체하고 시골집에 가서 농사나 지으려는 게야."

고 천연스럽게 말하는 것이었다.

이 말을 들은 청지기는 즉시 발길을 돌려 이문원을 업은 채 집으로 돌아왔다. 그리고 이정승에게 자초지종을 보고하였다. 이리하여 이문원은 파양(破養)은 면하고, 그 뒤부터 이정승은 그에게 두 번 다시 글 읽으라는 말은 하지 않았다.

그 뒤 이문원은 음서(陰叙)로 참봉 벼슬을 받았으나, 취임하지 않고 있다가 진사시험에 합격되고 다시 문과에 급제하여 형조판서까지 올랐다고 한다.

100여년 전 종로구 관철동의 '이궁 안'에는 청(淸)나라 상인들의 집단 상가가 있었다. 이 당시는 임오군란 이후로서 청나라 원세개(袁世凱)가 서울에서 권세를 부리고 있던 때였다. 이에, 청나라 상인들이 득세하여 이 곳에서 주로 설탕, 광목, 담배 등을 팔았는데 그중 서점도 한 군데 있었다고 전한다. 이 서점은 우리 나라 최초의 외국인 서점으로 보이며 여기서는 청나라에서 발간된 책을 수입해서 팔았다. 이 서점의 특징은, 상호는 물론 간판도 없이 다만 창 밖으로 책이 보이도록 쌓아 놓고 고객의 눈을 끌었다고 한다.

그 후 대한제국이 수립된 광무 원년(1897)을 전후하여 광교가 있던 조흥은행 본점 남쪽에 회동서관(滙東書館)이 생겼다. 이 서점이야말로 우리 나라 사람이 최초로 문을 연 근대적인 서점이었다고 할 수 있다.

이 서점의 뒤를 이어 종로 네거리 동쪽과 남쪽에는 금은방, 포목점 등과 어깨를 나란히 서점들이 들어서기 시작하여 한때 호황을 이루기도 하였다. 이제는 도로 확장과 재개발사업으로 인하여 고층건물이 들어서면서 옛 자취는 더듬을 수 없게 되었다.

곽향정기산(藿香正氣散)

구리개에서 약방을 하던 명의 허준

「동의보감(東醫寶鑑)」을 지은 허준(許浚)은 조선 중기 선조 때 사람이다. 그가 명의(名醫)로 알려지기 전에는 서울 구리개에서 약방을 차렸다는 이야기가 전한다. 어느 날 70여 세가 되는 협수룩한 노인이 찾아오더니 약방 한구석에 앉아 참선(參禪)하듯 눈을 감고 있었다. 이에 허준이 수상히 여겨 무슨 일로 왔느냐고 물었다.

"여기서 누구와 만날 약속이 있다오."

하고는 또다시 눈을 감아 버렸다.

그때 어떤 젊은이가 황급히 들어와서 부인이 해산을 하다 기절을 했으니 약을 지어 달라고 하였다. 그러자 허준은 의사가 아니므로 약을 지을 수가 없노라며 거절하였다. 이때 노인이 갑자기 눈을 뜨더니,

"아무 말 말고 곽향정기산(藿香正氣散) 세 첩만 지어 주구려, 꼭 낳을게요."

라고 태연히 말하는 것이었다.

"아니 곽향정기산은 담 걸린데 쓰는 약인데 해산할 여인에게 썼다가는 큰일나지 않소."

허준이 펄쩍 뛰자 노인은,

　“곽향정기산 세 첩만 써요!”

하고 말하는데다가, 젊은이도 자꾸 졸라 허준은 약을 지어 주고 말았다. 그러나 불안한 마음이 계속되고 있던 차에 저녁쯤 되어 어떤 사람이 오더니,

　“저의 이웃집 부인이 해산하다가 위중했는데 이 댁에서 약을 지어다 복용했더니 곧 회복되었답니다. 이 댁이 약을 잘 짓는다고 해서 찾아왔습니다. 저의 세 살된 어린 놈이 마마를 앓아 곧 죽을 것 같은데 약을 지어 주십시오.”

　이 말에 허준은 일변 안심은 했으나 마마에 대한 약을 지어 달라는 데에는 난처하였다. 이 때에도 노인이 눈을 뜨고선,

　“곽향정기산 세 첩.”

이라고 태연히 말하니, 허준의 눈은 동그레지지 않을 수 없었다. 여전히 노인은 ‘곽향정기산 세 첩’이라고 말하니 허준은 다시 약을 지어 주고 말았다. 그 후 두 식경이 지났을까? 그 사람이 찾아오더니,

　“감사합니다. 덕분에 어린 놈의 목숨이 살아났습니다.”

하며 기쁜 낯으로 고개를 연방 숙이자 허준도 덩달아 머리를 끄덕이며 안도의 한숨을 내쉬었다.

　이 일이 있은 후부터 허준의 약방은 유명해져 문전성시(門前成市)를 이루었다. 많은 사람들이 갖가지 병을 호소하고 약을 지어 달라고 할 적마다 허준은 방구석에 앉은 노인을 쳐다보면 노인은,

　“곽향정기산.”

하고 태연히 말하는 것이었다. 이에 허준은 그때마다 약을 지어 주었지만 마침내 ‘이 노인은 신통한 술법을 지닌 분이다’라는 생각이 들어 노인에게 의술을 배우겠다고 청하였다. 그리하여 허준은 노인에게서 열심히 의술을 배웠으며, 참다운 의사가 됨은 인술(仁術)을 베풀어야 한다는 가르침을 더욱 명심하였다.

　이로써 허준은 재상들의 중병을 치료하고 선조 임금의 시의(侍醫)가 되어 임진왜란 때에는 선조 임금을 모시고 다니면서 중환을 치료하여 양평군(陽平君)에 봉해졌다.

　허준의 또 다른 일화로는 호랑이 새끼를 치료한 이야기가 전해 온다.
　어느 때 허준이 사신을 따라 중국에 가다가 으슥한 산길에서 호랑이를 만났다. 모두 혼비백산했는데 호랑이가 허준 앞에 꿇어앉아 옷자락을 잡아당기는데 호랑이가 하는 시늉을 가만히 보니 무슨 곡절이 있어 자기 등에 타라고 하는 것이 분명하였다. 허준은 용기를 내어 납작 엎드린 호랑이 등에 올라타자마자 호랑이는 나는 듯이 달려 어떤 동굴 앞에 내려놓았다.
　호랑이 굴에 들어가 보니 호랑이 새끼 세 마리가 피투성이가 되어 딩굴고 있었다. 아마 어미가 없을 때 어떤 맹수에게 습격을 받은 것이 분명하였다. 허준이 곧 치료를 해 주자 어미 호랑이는 마음을 놓았는지,
　"어흥."
하고 울더니 이내 어디론가 나갔다가 곧 커다란 이리 한 마리를 물고 들어와 무참하게 찢어 죽이는 것이었다. 자기 새끼를 해친 이리에게 원수를 갚는구나 하고 허준은 생각하면서 며칠간 굴 안에서 새끼의 상처를 정성껏 치료하였다. 그 동안 호랑이는 부리나케 산토끼와 노루 따위를 잡아다 주었으므로 이를 구워 먹고, 밤이면 물어다 준 마른 풀더미 위에서 잤다.
　호랑이 새끼가 완치되자 호랑이는 허준 앞에 큰 절을 하듯이 엎드리므로 다시 호랑이 등에 올라탔다. 호랑이는 사신 일행과 만날 수 있도록 내려놓고 숲속으로 사라졌다고 한다.

2

아름다운 민속

석 전(石戰)

신당동 무당내에서 벌어졌던 편싸움

늦은 겨울부터 이른 봄까지 성행하던 조선시대의 민속놀이로는 연날리기와 편싸움(石戰)을 들 수 있다.

석전은 어른과 아이들이 같이 하던 마을 대항 민속놀이로서 편싸움 또는 변전(邊戰)이라고 하는데 그 기원은 매우 오래된 것으로 알려져 있다. 즉 옛날에 마을마다 군대에 입영할 장정을 고르는데 어느 마을이 가장 힘세고 용감한 장정들을 많이 배출시키는가를 경쟁하던 습속에서 비롯되었다는 것이다.

우리나라의 마을은 대개 산을 끼고 자리잡고 있는데 마을과 마을 사이에는 공터가 있어 이곳이 해마다 석전을 벌이는 장소가 되었다.

이 석전은 대개 좋은 낮으로 시작되어 끝날 때까지 계속되는 것이 보통이다. 그러나 간혹 피를 흘리게 되고 생명을 잃는 일도 있어 마을 사이에 감정적인 대립을 초래할 때도 있다.

조선말기에 서울에 왔던 미국선교사 길모어는

'한국에 왔다가 이 석전을 보지 못한 사람은 특이한 국민에게서 보는 가장 특색있는 구경을 못본 것이 된다'고 하였다.

석전은 낮에 아이들로부터 시작되다가 어른들이 참가함으로써 격렬해지는데 해가 져서 어두워지면 그치는게 상례이다. 즉 마을 사이의 공터에서 양측의 몇사람씩 모여서 시작되는데 돌을 던지고 싸움하는 소리를 지른다. 서로 농담과 조롱으로

"지금 몸이 성할 때 어서 이곳에서 돌아가라"

고 소리 질러 권한다.

석전은 돌을 손으로 던지거나 새끼로 만든 투석기(投石機)를 사용하지만 때로는 몽둥이까지 동원하여 목숨을 잃게 되는 경우도 있다. 석전에 참가하는 사람은 마을의 크기에 비례하는데 많을 경우에는 한쪽이 800명 내지 1,000명이 되었다.

「경도잡지(京都雜誌)」에는 석전에 대해서

'서소문 밖의 만리재 위에서는 정월 대보름이면 아현 사람들과 맞서 석전이 행해졌다'고 소개하고 있고,「동국세시기(東國歲時記)」에도 석전을 소개하면서 서울에는 관수동의 비파정(琵琶亭) 부근 도동의 우수현(牛首峴)이 석전하는 곳으로 유명하다고 했다. 그 밖에도 동대문 밖의 안감내, 신당동의 무당내도 석전하던 곳이었다.

길모어는 그의 저서「수도에서 본 한국」의 '오락과 의전편'에서 석전 모습을 상세히 써놓았다.

진격을 할 때에 일제히 큰소리로 "가-" 하고 외치는데 까마귀 떼 소리 같은 이 소리가 들리면 상대편은 일제히 뒤로 물러난다. 그러다가 자기편 앞 줄에 용감한 사람들이 서 있는 것을 보면 이쪽에서 다시 호응하여 "가-" 소리를 지르고 반격한다. 내가 본 가장 큰 석전은 2,000명의 어른과 아이들이 참가한 편싸움인데 먼저 한편이 공격해서 상대편을 그들의 마을로 반이나 몰아냈다.

그러자 이번에는 별안간 사람들이 모이고 신호에 따라 진격해 나와

단번에 빼앗긴 지역을 탈환하였다. 조금 휴식을 취하더니 돌격은 다시 시작되어 처음에 공격해 오던 편은 집안으로 도망쳐 들어가 분을 참고 내다볼 뿐이었다.

그동안에 반격해 간 편은 상대편에 표지를 해놓기 위해서 돌을 던져 바깥채 한채를 부서 버린다. 이렇게 되면 감정을 상하여 어떤 사람은 이튿날 다시 사람들을 모아서 못된 짓을 한 자를 때리겠다고 하기도 한다.

석전이 벌어지면 여러곳에서 모인 구경꾼들은 위험하지 않은 곳으로 간다. 그러나 잘못 던진 돌이 구경꾼쪽으로 날아오는 수가 있다. 석전에서 부상자가 없는 것은 솜을 넣은 겨울옷을 입은 때문인것 같다.

기우제(祈雨祭)

비가 오도록 남대문을 닫고 제사를 지내고

우리나라는 예로부터 농경사회이기 때문에 강수량에 대해 관심이 지대하였다. 따라서 비가 내리지 않으면 기우제(祈雨祭), 비가 계속 내리면 기청제(祈淸祭), 겨울에 눈이 적게 내리면 기설제(祈雪祭), 겨울날씨가 따뜻하여 얼음이 얼지 않으면 기한제(祈寒祭)를 지냈다.

조선 초에 태종이 18년간 왕위에 있는 동안 기우제·기청제를 15번, 조선 중기에 와서 현종(顯宗) 15년간에는 31번이나 기우제·기청제를 지냈던 것을 보면 거의 연례행사였던 것이다. 그런데 기우제 풍습을 보면 관청과 민간에서 하는 것이 각각 달랐다.

먼저 관청의 기우제 풍습을 보면 왕은 정전(正殿)을 사용하지 않고 음악을 연주하지 못하게 한다. 그리고 음식의 종류를 줄이게 하고 목욕 재계한 뒤에 사직단(社稷壇)에서 제사를 지냈다. 가뭄이 계속되면 한성부에서는 기우제를 지내기에 앞서,

"도로와 교량, 개천, 논 밭둑을 깨끗이 하도록 하라."
고 5부(五部)에 지시하였다.

예종(睿宗)때 기록을 보면 음양설에 따라

"종로의 시장을 구리개로 옮기고 남대문을 닫고 북문을 열도록 하라"

고 지시한 후에 기우제를 지내게 하였다. 기우제는 열두 차례에 걸쳐 지내게 된다.

　　조선시대 서울 근교의 어느 마을.
　　몇 달째 비가 내리지 않은 탓에 흙먼지만 이는 밭의 김을 매는 두 사람은 맑은 하늘을 원망스럽게 쳐다보며,
　　"오늘은 1차 기우제로 나라에서 북악산, 삼각산, 남산, 한강에서 제사를 올린다지."
　　"음, 그래도 비가 오지 않으면 2차로 저자도(楮子島)와 용산강에서 용제(龍祭)를 지낼걸."
　　"용제라니?"
　　"내가 알기로는 먼저 도사(道士)로 하여금 용왕경(龍王經)을 외우게 하고 나서 나무로 깎은 호랑이 머리를 강물 속에 넣는 것이 용제이지."
　　"물 속에 호랑이 머리는 왜 넣지."
　　"호랑이는 육지의 왕자 아닌가. 호랑이를 물 속에 넣으면 물의 왕인 용과 싸움을 벌이게 되지. 이때 용이 화가 나서 풍우를 일으켜 비가 오게 되지."
　　"과연 비가 올까?"
　　"그래도 비가 안 오면 3차로 창덕궁 후원 연못이나 경회루, 모화관 연못 세 곳에서 도마뱀을 잡아 물독에 넣어 띄우겠지."
　　"그래서 어떻게 하는가."
　　"도마뱀은 용의 화신이거든. 그래서 어린이 수십 명에게 푸른 옷을 입혀 버들가지로 도마뱀이 들어 있는 물독을 치게 하고 징을 울리면서 큰 소리로 외치는 거지."
　　"무어라고 외치나."
　　"도마뱀아, 도마뱀아! 안개를 토하고 구름을 일으켜서 큰 비를 내려

농경사회에서는 비가 내리지 않으면 국가적인 행사로 사직단에서 기우제를 지냈다.

달라. 그러면 내 너를 돌아가게 하마라고 외친다네.”

　기우제는 명산 대천(名山大川)에서 지내는데 무당, 맹인, 승려들이 많이 동원되었다. 태종 15년 5월에는 무녀 70명을 북악산 신당에서 기도를 시켰는데 고려 때는 3백명씩 동원하기도 하였다.

　민간의 기우제 풍습은 다양한데 인조 16년 예조(禮曹)에서 왕에게 보고하기를,

　“근래 가뭄이 극심하여 매월 2일을 기우제를 지내는 날로 정하려고 하는데 맹인과 무당, 동자(童子)들이 동원되어 폐단이 큽니다. 그리고 집집마다 물병에 물을 넣어 버들가지로 병을 막아 거꾸로 걸어 놓는 일은 예전(禮典)에 없는 일이니 중지하도록 함이 어떨까 합니다.”

라고 제의하자 왕은,

　“이것은 옛부터 관습이므로 그만두게 할 수는 없다.”

라고 답변하였다.

　그리고 정약용의 「목민심서」에 보면 기우제 풍습에 대하여,

　　가뭄이 들면 짚으로 용을 만들고 진흙을 발라 아이들로 하여금 용을 끌고 다니게 한다. 이때 아이들은 용을 때리고 학대한다.

고 쓴 것을 보면 용의 화를 돋궈 비를 오게 함을 알 수 있다. 또한 높은 산에 올라가 장작을 쌓아 놓고 불을 질렀는데 이는 하느님이 뜨거워 비를 내릴 것으로 생각한 것이다. 또한 높은 산에 있는 명당 자리에 산소를 쓰면 비가 내리지 않는다고 믿어 주민들이 삽과 괭이를 들고 올라가 남의 산소를 파내는 소동을 벌이다가 결국 살인극까지 벌어지는 일도 있었다.

통행금지

사대문을 열고 닫아 통행제한

저녁 해가 뉘엿뉘엿 넘어가고 땅거미가 질 무렵, 서울 4대문 밖에 도달한 나그네 치고 걸음을 재촉하지 않는 사람은 거의 없다.

"여보게, 다리가 아프고 발바닥이 부르텄는데 여기서 조금 쉬었다가 성안으로 들어가세."

"하긴 나도 많이 걸어와서 다리가 천 근 같지만 여기서 쉬다가 성문이 닫히면 우리는 내일 아침까지는 성 안에 들어가지 못하니 조금만 더 가서 성 안에 들어가 쉬세."

"성문이 언제쯤 닫힐까?"

"종루(鍾樓)에서 2경에 28번 종을 치면 성문이 닫히지."

"그것을 인정(人定)이라고 하는 게 아닌가."

"그렇지. 인정이 울리면 성문이 닫혀져 도성 내와 도성 외의 통행이 막히는 동시에 서울 전지역에 통행금지령이 내리지."

"그러면 성문이 열리는 시각은 몇 시경이 되나."

"5경에 종루에서 33번 종을 치면 성문을 일제히 열게 되는데, 이를 파루(罷漏)라고 하네."

실제로 조선 건국 초부터 서울에는 오후 10시부터 새벽 4시까지 통행금지가 있었다. 서울 도성에는 국왕이 거주하는 국가의 심장부였으므로 수도의 질서 유지와 치안 확보는 매우 중요하였다. 따라서 오늘날의 경찰서·파출소·방범 초소가 있듯이 한성부에는 포도청(捕盜廳)·경수소(警守所)·이문(里門) 등이 있었다. 조선 초에는 의금부(義禁府), 단종 때에는 군대가, 그리고 중종 때는 포도청이 설치되어 한성부의 치안을 담당했으니 통행금지를 담당하는 기관 이름은 시대에 따라 달랐다.

한성부는 일반행정 업무 외에 서울의 치안업무도 담당하여 72 곳의 좌경(坐更)장소를 만들어 일반 시민들이 다섯 집 또는 열 집이 한 조가 되어 교대로 숙직하는 것을 감독하였으니 민관군(民官軍)이 서울의 치안을 맡았음을 알 수 있다.

당시는 시계가 보급되지 않아 통행금지 직전의 순찰 및 숙직 교대 시각은 궁중의 보루각(報漏閣)에서 거의 1시간마다 북과 징을 울려 5경(更)까지 알렸다. 조선시대 때 통행금지 위반자 처벌은 매우 엄했는데 위반한 시각에 따라 각각 처벌이 달랐다. 통행금지가 있으면 위반자가 있기 마련인데 단골손님은 예나 지금이나 술을 좋아하는 사람들이다. 술이 취해 어깨동무를 하고 가던 두 사람이

"이봐, 인정(人定) 친지가 오래되었지."

"지금 3경은 되었을 걸세."

"순라꾼에게 잡히면 내일 아침에 곤장 30대는 틀림없겠군."

"쉿, 조용히 하세. 저기 경수소(警守所)가 있으니 이 쪽으로 돌아가야지 들키면 끝장이네."

서울의 통행금지 풍속은 500년 이상 지속되었기 때문에 재미있는 일화를 남겨 놓았다. 철종 때 시인 정수동이 술이 취해 통행금지가 넘어 집으로 돌아가다가 순라꾼과 맞부딪히게 되자 임기응변으로 담벽에 팔을

짝 벌리고 섰다.

"당신 누구야."

"……."

"당신 누구야."

"나 빨래요."

"빨래가 어떻게 말을 하나."

"하도 급해서 옷을 입은 채 빨아서 이렇게 되었소."

순라꾼이 하도 기가 막혀 얼굴을 살펴보니 유명한 정수동인지라 껄껄 웃고 지나가버렸다는 이야기도 있다.

경수소(警守所)는 야간 순찰을 하던 순라꾼이 밤에 거처하던 곳으로 보병 2명이 일반 시민 5명을 거느리고 무기를 휴대하여 근무했는데 큰 길 옆에 설치하였다.

이문(里門) 설치는 세조(世祖) 때 서울에서 도둑의 피해가 심하자, 양승지(梁承之)가 왕에게

"중국에서 이문을 설치해서 도적을 방지하고 있으니 도성에도 이문을 설치하여 도적을 방지하는 것이 옳은 줄로 압니다."
하고 건의하였으나 실시되지 못하였다.

그로부터 10년 뒤 세조는 한성부 각 마을 입구에 이문을 설치하여 2명에서 6명씩 마을 사람들이 숙직하도록 하였다. 지금도 서울의 마을 이름으로 '이문안골'이란 명칭이 남아 있는데 동대문구의 이문동, 도봉구의 쌍문동이 그 중의 한 예이다.

생사당골

명나라 장수를 제사 지내던 서소문동 선무사 터

현재 '태평로'변에는 동방생명보험 건물과 대한상공회의소 건물이 하늘을 찌를듯이 그 위용을 뽐내면서 국보 1호인 남대문을 굽어보고 있다. 이 두 건물 사이에는 대한통운을 지나 '서소문로'와 이어지는 길이 뚫려 있다.

조선시대에는 이 길 주위에 7개 골목이 있었으므로 칠간안, 또는 칠간동(七間洞)이라고 칭했던 곳이다. 당시 서울에는 1부터 10까지 꼽을 수 있는 마을 이름이 있었다. 우선 일감정을 위시하여 이웃골·삼청동·사직골·오궁터·육조앞·칠간안·팔판동·구리개·십자각을 일컬을 수 있었다.

삼성생명보험 건물 뒷쪽인 중구 서소문동 58번지 17호에는 명지빌딩이 높이 서 있다. 이 빌딩은 1974년 10월까지 명지대학이 사용하다가 남가좌동으로 이전한 건물이다. 이 건물이 세워지기 전에는 조선시대 3백년간 선무사(宣武祠)가 있었다.

선무사는 임진왜란 때 명나라가 조선을 도와준 것에 고마움을 표시하기 위해 세워 놓은 사당이다. 즉 임진왜란이 끝나기 직전인 1598년에 조정에서는 원군을 보내준 명나라 병부상서 형개(邢玠)를 위해 사당을 짓고

이제는 고층빌딩으로 분간할 수 있는 생사당골.

제사를 지내기로 정했다. 이 선무사가 건립되자 선조대왕은 잃어버릴 뻔한 나라를 명나라가 다시 찾아주었다는 뜻의 '재조번방(再造藩邦)'이란 글을 써서 현판으로 걸어놓게 하였다.

그로부터 6년 후인 1604년에 조정에서는 정유재란 때 큰 전공을 세운 명나라 장수 양호(楊鎬)를 형개와 같이 선무사에 모셔 놓기로 하였다.

이에 따라 예조(禮曹)에서는 서둘러 중국에 가는 사신을 통해 양호의 화상(畵像)을 구해오게 했다. 이윽고 양호의 화상을 반입하여 선무사에 안치하자 선조대왕이 이곳에 친히 거둥하여 제사를 지냈다. 이로부터 선무사에서 매년 두차례씩 살아있는 형개와 양호에게 제를 지내자 백성들은 산 사람에게 제사를 지낸다고 하여 선무사를 생사당(生祠堂)이라고 부르게 되었다.

선무사의 제사는 조선말까지 지내오다가 1903년에 폐지되었다. 그 후

6년이 지나자 선무사의 건물마저 헐리고 말았다. 그리고 이 자리에는 고종황제가 거처하는 덕수궁의 호위를 맡은 시위보병 제 1연대 제 1대대가 주둔하였다.

　1907년 7월 31일…….

　이 날 일제(日帝)는 정부와 황제에게 강요하여 군대해산령을 내리도록 하였다.

　1907년 8월 1일 일제가 한국군대를 해산시키자 격분한 박성환 제 1대대장은 권총으로 자결하였다. 이를 본 부하 장병들은 탄약고를 깨트려 무장한 다음 영문 밖으로 진출하여 일본군과 총격전을 벌였다.

바뀐 신랑

수표교 답교놀이에서 술에 취한 이안눌

장충단공원 안의 서울시 문화재로 지정되어 있는 수표교(水標橋)는 조선초 세종 때 완공된 것으로 추측된다.

이 다리는 지금부터 38년 전까지 중구 수표동(43번지)과 종로구 관수동(152번지) 사이의 청계천에 놓여 있었으나 1959년에 청계천 복개공사로 매몰되게 되자 이곳으로 이전되었다.

도성 내의 청계천 위에는 8개의 다리가 걸려 있었지만 이 수표교는 그 중에서 아름답기가 으뜸이었다. 따라서 청계천의 모든 다리는 모두 복개되었지만 수표교만은 해체하여 장충단공원에 복원시켜 놓았다.

"저 수표교는 원래 마전교(馬廛橋)라고 했다지요."

"그렇다네. 이 다리 이름이 바뀐 것은 영조 36년(1760)에 큰 물이 날 것에 대비하여 청계천 수위를 잴 수 있는 수표(水標)를 세운 뒤부터 수표교라고 붙여졌답니다."

"그런데 수표(水標)는 보이지 않는데 어떻게 된 것입니까?"

"으음. 수표석(水標石)은 지금 청량리동의 세종대왕 기념사업회에 보존되어 있습니다."

"자세히 보니 육각(六角) 돌기둥의 교각(橋脚)과 돌 난간까지 쳐져 있어서 다리가 매우 아름답군요."

조선시대에는 정월 대보름날이면 수표교 아래 위에서 연싸움이 벌어졌다. 연싸움이 벌어지면 구경꾼이 서로 편을 나누어 응원하였다. 연싸움이 끝나면 이긴 편의 환호성과 진 편의 탄성이 엇갈려 흥미와 흥분의 도가니를 이루었다.
한편 수표교에 얽힌 이야기로 다리 밟기(踏橋)를 빼 놓을 수 없다.

조선 시대 중종 35년(1540)부터 서울 장안 사람들 사이에는 정월 대보름날 저녁에 12 개 다리를 밟으면 일년 내내 재앙을 막고 각기병에 걸리지 않는다는 소문이 퍼졌다. 그래서 이 날은 통행금지마저 해제되어 많은 부녀자들이 장옷을 쓰고 나와 다리를 밟았다.
부녀자들이 떼를 지어 답교(踏橋)하니 무뢰한까지 몰려들어 한데 어울렸다. 이에 남녀의 풍기가 문란해지자 한때 답교를 금지시켰다. 그런데 선조(宣祖) 때에는 답교 풍속이 계속되었던 것 같다. 이때 갓 장가든 동악(東岳) 이안눌(李安訥 : 1571~1637)은 답교놀이에 어울렸다가 술에 취해 수표교 부근에 쓰러져 잠이 들었다.
그런데 새벽이 되어 깨어 보니 자기 신방(新房)이 아니었다. 이안눌은 정신이 번쩍 들어 옆의 신부를 흔들어 깨어 묻지 않을 수 없었다.
눈을 뜬 신부도,
"에그머니, 아니 누…… 누구세요."
하며 이안눌 못지 않게 놀라는 것이었다.
이 신부도 신혼 사흘 밖에 되지 않았는데 밤 늦도록 신랑이 들어오지 않자 하인들이 찾아나섰다가 만취해서 쓰러진 이안눌을 신랑으로 알고 업어다가 신방에 재운 것이다.

수많은 사람들이 건너던 청계천에 놓였던 수표교가 장충단공원으로 옮겨져 있다.

이안눌은 저윽이 당황하여, 신부에게

"본의 아니게 실수를 저질렀으니 어찌하면 좋겠소."

"이는 제 팔자 소관이자 연분인가 합니다. 여자로 태어나서 마땅히 죽어야 할 일이나 늙은 부모의 무남독녀로 자라 어쩔 수도 없으니 소녀를 소실로 허락해 주신다면 이만 다행이 없겠습니다."

"나 역시 고의로 저지른 과오가 아니고, 새댁 또한 화냥끼로 한 잘못이 아니니 소실로 맞이한들 상관이 있겠소. 그러나 엄친 슬하에 아직 과거에 오르지도 못한 주제에 어떻게 두여인을 거느릴 수 있겠소."

그러나 신부의 간청에 못이겨 이안눌은 부랴부랴 신부와 같이 그 집을 몰래 빠져나와 그 길로 신부를 이모집에 의탁시키고 과거에 합격하기까지는 서로 만나지 않기로 약속하였다.

한편, 신부집에서는 갑자기 신부가 온데간데 없는지라 영문을 몰라 전후를 살핀 끝에 진상이 드러났다. 이에 신부집에서는 주위를 의식하여 신부가 변사한 양 서둘러 장사를 치르고 수심의 나날을 보냈다.

이윽고 몇 해가 지나 29세에 이안눌이 과거에 급제하자 그제야 신부를 소실로 맞이하였다. 이를 뒤늦게 알게 된 신부의 노부모들은 기가 막힌 중에도 한편으로는 외동딸이 살아 있음을 기뻐하여 남은 여생을 그에게 의탁하였다.

소실이 된 신부의 집은 대대로 역관(譯官)을 해 온 집안으로 장안에서도 잘 알려진 부잣집이었다. 신부 또한 천성이 지혜롭고 부지런하였으므로 이안눌은 평생을 여유있게 지내며 예조판서 등을 역임하여 마침내 청백리(淸白吏)의 영광을 얻었다.

이안눌은 문과에 급제하여 예조참의를 거쳐 강화부윤에 재임하던 중 광해군의 폭정에 분개하여 사직하였다가 인조반정 후에 예조참판에 등용되었다. 그 후 명나라에 가서 인조의 부친 정원군의 추존을 허락 받아 원종(元宗)이라는 시호를 받고 돌아왔으므로 그 공적을 인정받아 예조판서에 올랐다.

이안눌은 권 필(權韠)·윤근수(尹根壽)·이호민(李好閔) 등의 많은 문인들과 교제하여 가깝게 지냈다. 이안눌은 이들과 함께 '동악시단(東岳詩壇)'의 모임을 만들어 현재 동국대학교 내에서 모임을 가졌다. 영조 때 예조판서·판돈령부사를 지낸 이안눌의 현손인 이주진(李周鎭)은 조상의 집 터를 기념하기 위하여 암벽에 해서(楷書)로 '東岳先生詩壇(동악선생시단)'이라고 여섯글자를 각자(刻字)해 놓았다.

최근까지도 이안눌이 살았던 동국대학교 북문 가까운 암벽에는 '동악

___

이안눌은 많은 문인들과 동악시단(東岳詩壇)을 만들어 현재 동국대학교가 자리한 곳에서 모임을 가졌다. 북문 가까이 큰 자연석에 東岳先生詩壇(동악선생시단)이라고 새로 각자해 세워 놓았다. ▶

東崗先生詩壇

선생시단(東岳先生詩壇)'이라고 쓴 각자가 있었다. 그런데 이 각자는 1985년에 동국대학교에서 암벽을 헐어내고 건물을 세울 때 없어졌다. 그 대신 부근에 '東岳先生詩壇(동악선생시단)'이라는 글자를 큰 자연석에 새겨 놓았다.

3

애환이 깃든 곳

풀무재(冶峴)
대장간이 몰려 있었던 충무초등학교 부근

태조 이성계가 한양에 천도할 당시 서울에는 고개가 많았다. 서울을 둘러싼 남산·인왕산·북악산의 산줄기가 청계천쪽으로 뻗어내려 마치 포복하는 형상이었다.

그러나 이 산줄기는 많은 사람들이 모여 살게되자 길을 내기 위해서 깎아내어 낮췄기에 언덕으로 보이거나 자취조차 찾을 수 없게 되었다.

우선 남산에서 북쪽으로 뻗은 산줄기로 인해 생긴 고개가 풀무재, 야현(冶峴)이었다. 이 산줄기는 장충동 2가의 동국대학교 자리와 묵정동의 앰버서더호텔을 지나 을지로5가에 닿았다. 따라서 충무로에서 광희문으로 오고 가려면 풀무재를 넘어다녔다.

"역사소설을 읽다보면 가끔 풀무재라는 고개 이름이 나오는데…?"

"풀무재는 지금 충무로와 퇴계로가 만나는 충무초등학교 북쪽에 있었지요."

"그런데 고개 이름을 왜 풀무재라고 부르게 되었습니까?"

"이 고개 부근에는 청일전쟁 때까지만 해도 풀무질을 해서 쇠를 달궈 연장을 만드는 대장간이 몰려 있었지요. 그래서 고개이름을 풀무재라고

지금도 대장간에서 만든 각종 기구를 길가에 펼쳐놓고 판다.

부르고 대장고개로도 불렀답니다."

"서울에는 고개가 많았다는데 현재 남아있는 고개이름은 없나요."

"가만히 생각해보니 인현동(仁峴洞), 송현동(松峴洞), 아현동(阿峴洞), 만리동(万里洞), 돈암동(敦岩洞), 무악동(毋岳洞), 망우동(忘憂洞)은 모두 고개 이름이 동명(洞名)으로 되었습니다."

"고개 위치와 고개 이름의 유래를 알고 싶은데요."

"먼저 인현은 현재 인현동 2가의 '마른내길'이 지나는 곳에 있었고요. 이 고개 밑에는 조선 중기 선조(宣祖)의 7남인 인성군(仁城君)이 살았기 때문에 인성붓재라고 부르다가 한자로 인성현(仁城峴)으로 표기하던 것이 인현으로 줄여진 것이랍니다."

시내에서 몇 개 남지 않은 풀무간 ▶

“아주 재미있는데요.”

“그 다음에 지금 한국일보사가 자리잡은 뒷길은 조선초부터 경복궁에
서 창덕궁으로 통하는 주요 도로였는데 바로 여기에 송현(松峴)이 있었는
데, 이는 부근에 소나무가 많았기 때문에 붙여진 이름이었습니다. 그리고
지금 서대문에서 마포로 가는 길에 아현 고가도로가 놓인 곳에 애고개라
는 큰 고개가 있었지요.”

“고개가 변음되어 아현(阿峴)으로 되었군요.”

“그렇지요. 만리동 1·2가는 서울역 뒤 서부역에서 공덕동, 마포쪽으
로 가려면 만리재라는 높은 고개가 있어서 유래되었는데 원래 이 고개
이름은 조선초 세종 때 최만리가 이곳에 살았기 때문에 붙여진 것으로
북쪽의 애오개를 작은 고개, 만리재를 큰 고개라고 불렀답니다.”

“아아, 그런 유래가 있었군요.”

“지금 돈암동에서 미아동으로 나가려면 되너미고개를 넘어야 하는데
이 고개 이름은 한자로 돈암현(敦岩峴)으로 고쳐졌지만 흔히 미아리고개
로도 부르고 있지요.”

“그리고요.”

“영천에서 홍제동으로 가려면 무악재(毋岳峴)를 넘어야 하고, 망우동에
서 경기도 구리시(九里市)로 가려면 망우리 고개를 넘어야 하는데 이 고
개는 너무 유명하니까 얘기할 필요가 없겠지요.”

한편 남산에서 내려온 산줄기의 하나는 을지로 입구쪽으로 뻗어 구리
개(銅峴)를 만들었다. 그래서 을지로 1가와 을지로 2가 일대를 구리개라
고 칭하자 일제(日帝)는 동명을 고치면서 금속 명칭인 황금정(黃金町)으
로 고치기도 하였다.

진고개(泥峴)

비만 오면 발이 빠지던 충무로 고갯길

남산에서 내려온 산줄기의 하나는 예장동의 국토통일원이 위치했던 곳을 지나 충무로 2가 세종호텔과 명동 천주교회당, 기독교 부녀회관(YWCA) 자리로 해서 을지로 2가로 뻗었다.

「수선전도(首善全圖)」나 서울의 옛지도를 보면 세종호텔 뒷쪽 충무로에 있던 고개를 진고개(泥峴)라 하고, 성모병원과 로얄호텔사이에 있는 고개를 종현(鐘峴)으로 표시해 놓았다. 따라서 명동천주교회당을 종현성당으로 부르기도 하였다.

종현이란 명칭은 임진왜란 때 종로의 종이 불타버리자 남대문에 걸었던 종을 이 고개 위에 걸고 서울에 시각을 알렸다는 것이다.

진고개란 명칭은 조선말까지 고갯길의 흙이 몹시 질어서 비만 오면 지나다니기에 곤란하여 붙여진 것이다. 그런데 갑신정변 이후부터 일본공사관이 이 근처로 옮겨오면서 일본인들은 진고개 일대에 모여 살게 되었다. 그들은 이곳의 길이 불편하고 질어 광무 10년(1907)에 8척이나 흙을 파내어 고개를 낮추는 동시에 하수도를 묻어서 다니기에 편리하도록 만들었다.

「한경지략(漢京識略)」에 보면 진고개에는 굴우물(窟井)이 있다고 소개되어있다. 이 우물은 인조 때 이수광(李睟光)의 아들 이민구(李敏求)가 동네 아이들과 파놓았다고 한다.

이민구가 13살 때인, 선조 34년(1601)에 진고개에서 놀다가 돌 밑에서 샘물이 나오는 것을 발견했다. 그는 동네 아이들과 함께 우물을 파서 넓히니 그 뒤부터 행인들이 이 우물을 떠 마실 수 있게 되었다.

그 뒤 이민구는 관직에 올라 정묘·병자호란을 겪으면서 대사간, 경기도관찰사 등의 내외직을 역임하고 물러났다. 53년이 지난 어느날 그는 진고개를 지나다가 우연히 굴우물을 보게 되었다. 그는 불현듯 옛날 생각이 떠올라 물 맛을 보니 옛날 그대로였으나 우물의 외형은 변하여 고색창연하였다. 그는 흘러간 옛날을 회상하면서 우물물에 자기 얼굴을 비추어 본 뒤 시 한 수를 지었다고 한다.

한편 용산쪽으로 뻗은 산줄기는 도동과 후암동 사이에 우수재(牛首峴)를 만들었다. 이 고개이름은 우수(牛首)선생이란 학자가 이곳에서 살았던 것에서 붙여진 이름이라고 전한다.

이 고개에서는 매년 정월 대보름이면 남문 안팎의 젊은이들이 모여들어 서로 공격하는 편싸움을 벌였다.

우수재는 옛부터 군사요충지로서 임진왜란 때는 명나라의 부상병이 이곳에서 치료를 받았고, 조선말기에 이르러서는 청군과 일본군이 주둔하기도 하였다.

그 외에도 용산 공업고등학교 남쪽에는 와현(瓦峴)이 있었고, 원효로 1가 동쪽에는 당고개(堂峴)가 있었다.

이 당고개에서는 조선조말에 천주교인들을 처형했기 때문에 신계동 1번지 318호에 '당고개 순교성지'가 표시되어 있다.

진고개 북쪽의 종현 성당이 지금은 명동성당으로 우뚝 서 있다. ▶

만리동에서 중림동을 거쳐 충정로로 나가는 길에 약전현 또는 약현(藥峴)이 있었는가 하면, 북악산 줄기는 창덕궁 후원과 서울대 부속병원을 지나 종로 4가까지 뻗었다. 이에 따라 창경궁에서 명륜동으로 가는 길에 박석고개(薄石峴), 종로 4가와 동대문 경찰서 부근에는 배오개 또는 배고개(梨峴)가 있었다.

또한 혜화동과 돈암동으로 가는 길에는 동소문고개, 창경궁과 창덕궁 사이에 건양현(建陽峴) 또는 도깨비고개가 있었으며, 휘문고등학교가 있었던 곳에는 관상감재(觀象監峴)가 있었다.

인왕산에서 내려온 산줄기는 내자동에 남정문현(南正門峴), 당주동에 야주개(夜珠峴), 누상동 서쪽에 누각현(樓閣峴) 그리고 세종로 네거리에는 황토고개(黃土峴)가 있었다.

구리개(銅峴)

약방이 즐비했던 을지로 입구 일대

현재 을지로 입구 일대를 예전에는 구리개(銅峴)라고 칭하였다. 구리개란 이름은 전에 을지로 1가와 2가 사이에 나즈막한 고개가 있었는데 이 고개의 흙이 몹시 질었기 때문에 불리어진 것이다.

이 일대를 동현(銅峴)이라고 하는 것은 우리말 구리개를 한자로 고친 것이다.

조선 시대의 을지로 일대는 현재처럼 평지(平地)는 아니었다. 남산 줄기가 뻗어 내려온 탓으로 낮은 언덕이 있었고 10여 개 정도의 개천이 남산에서부터 흘러내려 청계천으로 들어갔다.

그런데 국권을 강제로 빼앗은 일제는 구리개를 바꿔 황금정(黃金町)이라고 고쳤다. 추측컨대 일제는 을지로 입구의 동현(銅峴)과 을지로 4가 부근의 은동(銀洞)이란 동명(洞名)을 따서 황금정이라고 붙인 것 같다.

현재처럼 을지로라는 명칭은 광복 이듬해 1946년 10월 1일부터 붙여졌다. 이 명칭은 잘 알려진 바와 같이 살수대첩을 거둔 고구려의 명장 을지문덕(乙支文德)의 성(姓)을 붙인 것이다.

그렇다면 백여 년 전 조선시대 구리개의 모습은 어떠했을까.

당시 을지로 일대는 종로처럼 붐비지는 않았으나 혜민서(惠民署), 장악원(掌樂院), 하도감(下都監)과 같은 관공서가 자리잡고, 약간의 시전(市廛)이 있었으며 가내수공업이 성하던 지역이었다. 따라서 오늘날에도 을지로 일대에 공공건물, 상가(商街), 중소기업체가 밀집해 있는 것으로 보아 옛 전통이 이어지고 있는 것으로 보인다.

으레 대구하면 '사과', 개성하면 '인삼'을 연상하듯이 서울의 구리개하면 '약방'이었다. 그 까닭은 조선 초부터 5백년간 현재 외환은행 본점이 들어선 동쪽에 혜민서(惠民署)가 있었기 때문이었다. 혜민서는 의약(醫藥)과 일반 서민의 치료를 맡았던 기관이다. 혜민서는 태종 때 그 명칭이 확정되었지만, 조선 초 서울 도성을 쌓을 때 많은 부상자를 수용하여 치료한 일도 있다.

혜민서와 관련된 것으로 '약방기생(藥房妓生)'을 빼놓을 수 없다. 조선시대는 유교 관습으로 남녀가 유별하였다. 따라서 궁중의 비빈(妃嬪), 궁녀 및 고위직의 부인들의 건강 진단을 비롯해서 비록 중병에 걸렸더라도 남자 의사가 직접 진맥을 할 수가 없었다. 즉, 휘장을 치고 팔만 내밀어 진맥을 하거나 손목에 실을 매어 문밖에서 진맥하였다. 그러나 이와 같은 방법으로는 병을 정확하게 진찰할 수는 없었을 것이다.

이에 정부는 궁리 끝에 지방 기생들 중에서 70여 명의 영리한 기생을 뽑아 혜민서에서 의술을 가르쳐 내보냈는데 이들을 흔히 약방기생이라고 하였다.

한편, 서울은 그 지역마다 주민의 생업이 달랐다. 예를 들면, '목덜미가 까맣게 탄 사람은 왕십리 미나리장수'이고, '이마가 까맣게 탄 사람은 마포 새우젓장수'라는 말이 있었다. 이것은 왕십리 일대에는 미나리를 많이 심어 이것을 아침에 도성 안으로 팔러 들어오려면 아침 햇빛을 목덜미에 받아 까맣게 그을렸고, 마포에서 담근 새우젓을 팔려고 도성 안에 오자면 아침 햇빛을 이마에 받아 새까맣게 그을렸기 때문이다.

예나 지금도 서울의 중심을 이루고 있는 구리개.

그리고 이 밖에도 누각골(樓上洞, 樓下洞) 쌈지장수, 자하문(彰義門) 밖 화초장수, 아현동의 놋갓(鍮器)장수, 잔다리(延禧洞) 게(蟹)장수, 물쇠골(水鐵里 = 新水洞) 솥장수, 청파동과 두뭇개(玉水洞) 콩나물장수, 이태원 복숭아장수, 전생골(厚岩洞) 제육(猪肉)장수, 갈우리(葛月洞) 청포장수, 수구문(光熙門) 끈목장수, 다방골(茶洞) 기생, 숭동(明倫洞) 앵두장수, 용머리(龍頭洞) 무우장수, 홍제원 인절미장수, 제터골(祭基洞) 토란장수, 홍문골(杏村洞) 투전(鬪戰)장수, 서빙고 얼음장수, 동작리(銅雀洞) 모래장수, 오강(五江) 뱃사람, 공덕리(孔德洞) 소주장수, 동대문안 객주(客主)로 유명했으니 지역마다 주민들의 생업 분포를 알 수 있다.

그 외에도 서울에는 남촌의 술, 북촌의 떡(南酒北餠)을 꼽았다. 남촌의 술은 오늘날 충무로 1가와 회현동 1가, 즉 장동(長洞)에서 빚은 술이다. 고종 때 영의정이었던 이유원(李裕元)은,

"술의 빛과 맛이 모두 절품(絶品)이며 한 잔을 마시면 곧 취하고 술이 깬 다음에는 갈증이 나는 일이 없어 우리 나라의 명주(名酒)라고 할 만하다."

고 높이 평가하였다.

종로가 종로구의 대표적인 도로라면 을지로는 중구의 대표적인 도로이다. 전에는 도성이 있었기 때문에 4대문으로 통하는 길이 주요도로였다. 서대문과 동대문으로 이어지는 종로와, 종각에서 남대문으로 이어지는 길은 대로였지만 시청 앞에서 광희문으로 이어지는 오늘날의 을지로는 중로(中路)였다. 그런데 기이한 것은 광화문 네거리에서 남대문으로 뻗은 오늘날 태평로는 80년 전까지만 해도 뚫려 있지 않았다.

조선시대에 구리개에는 장악원(掌樂院)이란 관공서가 자리잡고 있었다. 즉, 현재 외환은행 본점이 신축된 곳에는 조선 시대 5백 년간 음악을 가르쳐 악공(樂工)을 길러 내는 기관이 있었던 것이다. 따라서 이 부근을 얼마 전까지 장악원동이라 불러 왔다.

이 장악원에는 보통 320명이 교육을 받고 있었는데 맹인(盲人)도 15명 가량 교육을 받았던 것은 특이하다.

그런데 이 곳에 장악원을 특별히 설치한 까닭이 있었다. 「한경지략(漢京識略)」에 보면

풍수설에 따르면, 이 곳은 터가 세고 불길한 곳이므로 특별히 장악원을 세우면 사람들이 걱정과 근심으로 생긴 답답한 마음을 풀게 할 수 있다.

고 하였다. 날마다 노래 소리가 들려 나오니 어찌 마음이 불쾌할 수 있을 것인가.

또한 「동국여지비고(東國輿地備攷)」에 보면 임진왜란으로 국난을 치른

선조(宣祖)의 셋째딸 정숙옹주(貞淑翁主)가 이 장악원 부근으로 시집을 와서 살았다고 하였다.

그런데 그 집이 좁고 이웃집과 가까이 붙어 있어 살기에 불편했다는 것이다.

이에 정숙옹주는 어느 날 선조 임금을 뵙고 이 고충을 호소한 뒤 집터를 늘려 줄 것을 청하였다.

이 말을 들은 선조는 정숙옹주에게,

"음성이 낮으면 이웃집에 들리지 않을 것이고, 처마를 가리면 서로 보이지 않을 것이니 구태여 마당을 넓힐 필요가 없지 않느냐."

하였다. 정숙옹주는 이 말에 기가 막혔지만 어찌할 수 없이 궁궐을 나왔다. 곧 이어 선조는 해당 관서에 명하여 정숙옹주 집의 처마를 가릴 발두 장을 하사했다는 일화가 남아 있다.

장악원은 조선 말 고종 때 갑오개혁으로 폐지하였지만 한때 일본군이 악생(樂生)을 내쫓고 주둔한 적이 있었다. 즉, 임오군란(壬午軍亂)으로 쫓겨갔던 일본 공사 하나부사(花房義質)는 거류민을 보호한다는 명목으로 1개 대대 병력을 끌고 도성에 들어왔다. 즉, 이때 장악원이 일본 군인들의 주둔 장소로 사용되었던 것이다.

그 후 장악원은 일제의 침략으로 건물마저 헐리고 말았는데, 일제는 이 자리에 동양척식회사(東洋拓植會社)를 세웠다.

이 회사는 조선의 경제 침략의 총본산으로 악명 높은 침략 기관이었다. 선량한 농민들의 토지를 하루 아침에 빼앗아 갔으므로 토지를 잃은 농민들에게 동양척식회사야말로 원한의 표적이었던 것이다.

1926년 12월 28일 오후 2시.

이 해도 저물어 가는 세모(歲暮)에 중국에서 김구(金九) 선생의 의열단에 가입한 나석주(羅錫疇) 의사가 조선으로 몰래 입국하는데 성공하였다. 그는 장악원 부근의 지리를 익힌 뒤 먼저 식산은행에 들어가 폭탄을 던지고 뛰어 나와 동양척식회사로 달려갔다. 권총으로 일본인 몇 명을 사살하고 폭탄을 던졌으나 불발(不發)하고 말았다. 동양척식회사를 나온 나석주 의사는 을지로 큰길에 나와 일본 경찰과 총격전을 벌이면서 을지로 2가까지 오게 되었다. 탄환은 떨어지고 사방에서 경찰이 몰려드니 그는 최후의 1발로 장렬하게 자결하였다.

한편, 동대문운동장 서쪽 일대인 을지로 6가는 무관들의 과거 시험 장소이며 무예를 익히던 훈련원(訓練院)이 있었다. 충무공 이순신이 이 곳에서 무과시험을 보다가 낙마하여 다리를 다쳤으나 곧 옆의 버드나무 껍질을 벗겨 다리를 묶은 후 다시 말에 올라 달렸다는 일화가 깃든 곳이다.

그리고 동대문야구장이 있는 을지로 7가는 훈련도감의 한 영사(營舍)인 하도감(下都監)이 있었다. 조선 말 임오군란 이후에는 이 곳에 청군이 주둔해 있었고, 갑신정변 때는 고종이 이 곳에 4일간 체류하기도 하였다. 이처럼 을지로는 서민들의 애환이 서려 있는 곳이다.

청계천
서울에 수해를 일으키던 개천

　현재 종로구와 중구의 경계가 되는 청계천로(淸溪川路) 아래에는 개천
(開川)이 흐르고 있다. 이 개천의 명칭을 청계천이라고 고쳐 부르게 된
것은 일제 때의 일이다. 대체로 인공을 가해 물이 잘 흐르도록 만든 큰
냇물을 옛부터 개천이라 불렀다.
　조선 초에 발간된「신증동국여지승람」에 청계천을 소개하기를,

　개천은 북악산, 인왕산, 남산 골짜기 물이 합쳐져 동쪽으로 흐른다.
이 물은 도성 한복판을 관통하여 세 개의 수문(水門)을 빠져나가 중량
포(中梁浦)로 들어간다.

고 하였다.
　태조 이성계가 한양에 천도하여 궁궐을 지은 다음 도성을 쌓았지만 개
천은 자연 그대로 둘 수 밖에 없었다. 이리하여 매년 우기(雨期)가 되면
서울 장안 사람들은 악몽에 시달렸다. 태종 때의 기록을 보면 개천이 범
람하여 수해를 크게 입었다고 한다.
　"젠장. 웬 비가 이렇게 계속 쏟아지는 지 모르겠구만."

하고 종로 시전 상인이 하늘을 원망스럽게 쳐다보며 중얼거리자

"이러다가 또 개천이 넘칠까 걱정이네."

"지난 번 비에도 광교가 떠내려 갔고, 성 안에 물이 넘쳐 집들이 물속에 잠기지 않았나."

"이거야 매년 이런 물난리를 겪어야 하니 진저리가 나네. 나라에서 무슨 대책을 세워야 할 텐데. 쯧쯧."

태종이 도성 사람들의 이런 고생을 모를 리 없었다. 태종은 창덕궁을 짓기 위해 서울로 올라온 지방 장정 3천 명 중의 6백 명을 뽑아 개천 공사를 하게 하였다. 그리고 다시 중앙 관서의 관리들 품계에 따라 인부 몇 명씩을 부역에 내보내게 하여 개천을 굴착시켰다.

이때 개천 공사는 임시방편이었기 때문에 근본적인 배수시설은 하지 못하였다.

이로부터 4년 후에 개천이 다시 범람하여 서울의 수해가 막심하자, 그 이듬해 태종 11년(1411) 9월에 개천을 넓고 깊게 파기로 계획하였다.

먼저 개천도감(開川都監)이란 관청을 두고 삼남지방의 장정 5만 명을 동원하였다. 그리하여 이듬해 1월부터 한 달 동안 개천 공사를 대대적으로 벌였다. 그러나 이 기간 동안 공사에 동원되었다가 희생된 장정은 64명이나 되었다.

이때에 공사도 완벽하지 못했기 때문에 그후 세종과 영조 때에 개천 공사를 다시 대대적으로 하였다.

한편 한양 천도 후부터 인구가 급증하게 되면서 개천이 오염되기 시작하였다. 이처럼 개천 물이 더럽고 악취가 나자 세종 때 집현전의 이현로(李賢老)는 왕에게,

"개천이 불결하고 냄새가 나는 것은 사람들이 더러운 것을 버리는 까닭이니 이를 금하여 깨끗한 명당수(明堂水)가 흐르도록 해야 합니다. 풍

이제는 완전히 복개를 하였고, 대부분 고가도로가 설치되어 주변은 빌딩가를 형성하고 있다.

수지리설에 명당수가 오염되면 반역이 일어나고 흉칙한 일이 생기니 개천에 오물을 버리지 못하게 해야 합니다."
고 진언하였다.

이에 세종도 신하들과 의논하여 그 말이 옳다고 결론지어 개천에 오물을 버리면 엄벌에 처하기로 하였다.

이 때 집현전 교리로 있던 어효첨(魚孝瞻)은 풍수설을 미신으로 보고 혼자 이를 반대하였다.

"풍수설에 명당이란 무덤 자리에 관해 길흉을 따지는 것입니다. 서울처럼 많은 사람들이 살면 불결해지는데, 이를 소통시키는 개천과 같은 큰 개울이 있어야 더러운 것을 떠내려 보낼 수 있습니다. 개천을 산골짜기 물처럼 맑게 하는 것은 불가능합니다."

하고 상소하자 세종도 고개를 끄덕이며,

"어효첨의 말이 정직하다. 옛 사람들도 모두 풍수설을 믿었는데 어효첨이 이를 반대하는 것을 보고 과인이 감동하였다."

고 말하였다. 이로써 개천물을 맑게 하자는 논의는 끝이 났다.

개천에 맑은 물이 흘러 청계천이라 불리울 수 있었던 때가 있었다. 그 시기는 한국전쟁 때 1·4후퇴로 서울 시민이 거의 남쪽으로 피난하여 서울에 환도하기 직전까지였다. 이 당시 맑은 청계천이 잔잔히 흘러 송사리와 피라미떼가 몰려다니며 꼬리치던 일도 있었다.

목멱산(木覓山)

소나무가 울창했던 남산

조선시대에는 청계천 북쪽을 북촌(北村), 그 남쪽은 남촌(南村)으로 불리었다. 북촌은 권세있는 양반들이 모여 사는 데에 비해 남촌은 관직에 오르지 못한 불우한 양반들이 모여 사는 곳으로 알려져 있었다. 특히 남촌 중에서 남산 계곡에 사는 이들을 '남산골 샌님', 또는 '남산골 딸각발이'로 칭하였다.

동네 개구장이들도 길거리에서 놀다가,

"저기 남산골 샌님이 오신다."

"어디, 어디."

"저기 나막신 신고 오는 갓 쓴 사람 있지 않아."

"그런데 왜 저 선비를 남산골 샌님이라고 부르는지 모르겠어."

"음, 그건 잘 모르지만 과거에 합격하지 못해서 가난하지만 오기(傲氣)만 남은 선비를 그렇게 부르는 것 같애."

"나도 들었는데 남산골 샌님이 원(員) 하나 내지는 못해도 뗄 권리는 있다고 하더라."

조선시대 서울의 내사산(內四山)의 하나인 남산은 옛날이나 오늘날이나 서울의 녹지 공간으로서 이보다 큰 것은 없었다. 당시만 해도 남산을 서울 남쪽 수비의 요새로 만들기 위해 능선에는 도성을 쌓았는데 현재도 남아있다.

해발 265미터의 남산은 현재 중구 남산동·예장동·필동·회현동·장충동과 용산구 도동·후암동·이태원동·한남동 등이 둘러싸고 있으니 옛날에는 서울의 남산(南山)에 불과했지만 오늘날은 중앙산(中央山)임에 틀림없다.

남산이란 이름을 얻게 된 것은 조선 초 한양에 천도하면서부터이다. 그 이전에는 이 산을 인경산(引慶山)이라고 불렀다. 인경산이란 밝은 산, 즉 광명의 산이란 뜻을 지니고 있었다. 또 옛 문헌에는 남산을 열경산(列慶山)이라 하고, 산모습이 마치 안장을 벗어 놓은 채 달리는 말과 흡사하다고 하였다.

경복궁 뒤 뾰족하고 날카롭게 우뚝 솟은 북악산에 비해 부드러운 느낌을 주는 남산은 아무리 보아도 싫증이 나지 않는다. 이 산은 조선 시대에는 오랫동안 목멱산(木覓山)으로 불리어 왔다. 목멱산은 우리말로 마뫼산으로서 산 위에 목멱신사(木覓神祠)가 있기 때문에 불리어진 것이다. 조선 초 태조 이성계는 한양에 도읍한 다음 해, 국가의 안녕을 기원하는 제사를 지내기 위해 북악산과 남산에 산신(山神)을 모셔 놓았다. 그러므로 남산의 산신을 제사하는 사당을 지었으므로 산 이름도 목멱산이 된 것이다.

이 목멱신사는 남산 정상의 동쪽 넓은 터에 자리잡고 있었는데, 흔히 국사당(國師堂)이라고 칭하였다. 이 사당은 조선 말 고종 때까지 매년 봄, 가을 두 번 제사를 지내다가 폐지한 뒤에, 민간신앙의 대상이 되었다.

일제 때(1925) 일본인에 의해 이 사당이 헐리자 우리 민족은 현판과 사당 일부를 인왕산 서쪽 기슭 선바위(禪岩) 아래 옮겨 놓아 국사당의 명맥을 잇고 있다.

지금은 서울 중심부에 자리하게 된 남산은 서울 어디서나 잘 보여 시민의 사랑을 받고 있다.

옛부터 남산은 시민의 행락지(行樂地)로서 모든 사람들의 아낌을 받아 왔다. 조선시대에는 자연보호 운동의 일환으로 도성을 쌓은 4산에 금표(禁標)를 세워 입산을 금지하고 나무를 베거나 흙과 돌을 파 가지 못하게 하였다. 또한 무덤도 쓰지 못하게 하였다.

이러한 법이 있었음에도 조선 말 순조 때(1932) 오위장(五衛將)을 지낸 장제급(張濟汲)이 어머니 시신을 몰래 남산에 묻었다. 그런데, 이 사실이 발각되어 조정에 알려지자 왕은 크게 노하였다.

"참으로 놀라운 일이다. 그 자는 고관으로서 어찌 이런 일을 저지를 수 있단 말이냐. 그를 잡아다 엄중 문책하고 금위대장은 감독 소홀로 즉각 파직하라."

하였다. 이에 금위영에서는 장제급을 문초하고 무덤을 즉각 파내도록 하

남산 정상에 있었던 목멱신사 자리에는 팔각정이 대신하고 있다.

였다.

또한 형조(刑曹)에서는 명당이라고 가르쳐 준 지사(地師) 백윤진(白潤鎭)을 잡아 문초하였다. 문초한 결과 처음에는 장제급과 한강 근처에서 묘자리를 찾다가 백윤진이,

"남산이 명당(明堂)이긴 한데 일반 사람이 묻힐 곳이 못됩니다."

하였다. 이 말을 듣고도 장제급이 고집을 부려 남산에 무덤을 만들었다는 것이다.

장제급은 조부의 공적이 있었으므로 사형을 겨우 면하고 외딴섬으로 귀양갔고, 백윤진 역시 외딴섬에 귀양을 가서 자기 대에 한해 노비가 되는 중벌을 받았다.

"남산 위에 저 소나무 철갑을 두른 듯……."

으로 시작되는 애국가 2절에 나오는 남산은 우리나라 안에서 가장 많은

남산에 있던 국사당이 인왕산 남서면에 옮겨져 옛모습을 엿볼 수 있다.

사람들의 입에 오르내리고, 눈에 비치며, 발길이 끊이지 않는 산이라고 해도 과언이 아니다.

19세기 말경 서울에 왔던 미국인 선교사 길모어의 눈에 비친 서울 모습을 소개하면,

한국 사람은 산을 무척 좋아한다. 이 때문에 남산은 사람들이 쉬는 놀이터가 된다. 봄·여름·가을에 맑은 날이면 으레 몇 명씩 산을 거닐고 나무 아래에 눕고 성 위에 앉아서 남쪽 강을 바라보고 경치를 즐긴다. 어떤 때는 악기를 가지고 가는데, 이 악기는 피리다.……

서울 근방의 모든 산에는 사람이 많이 다닌 길이 있고, 어느 때나 어른이나 어린이들이 혼자서 또는 몇 명씩 떼를 지어서 산보도 하고 바위에 앉기도 하여 매우 행복스럽게 보인다. 그런데 대단히 이상스러

운 것은 한국 사람들은 높은데에 오르면 반드시 노래를 부르는 것이
다. 나는 산에 올라가서 노래하지 않는 한국 사람은 본 일이 없다.

라고 써놓았다.

옛부터 남산은 서울 시민들의 아낌을 받아 목멱상화(木覓賞花), 즉 남
산의 꽃구경을 서울의 10가지 구경거리 중의 하나로 손꼽았다. 도성을
둘러싼 4산 중에서 다른 3산은 모두 돌산이고 경사가 급한 데 비해 남산
은 비교적 산에 오르는 길이 완만하고 주위가 수목으로 둘러싸여 사계절
풍경이 아름답다. 그리하여 풍류를 즐긴 옛 사람들은 '남산팔영(南山八
詠)'을 지어 오늘날까지 전해 오고 있다. 옛 사람들은 남산에 올라 그림같
이 펼쳐져 있는 서울 장안을 굽어보며

① 북악산 아래 궁궐들이 안개구름 속에 벌려있는 것이 보기좋고
　　雲橫北闕
② 남쪽으로 돌아서서 멀리 바라보면 넘쳐 흐르는 한강이 볼만하며
　　水漲南江
③ 봄이 다 지나도 아직 피어있는 바위 밑의 꽃과
　　岩底幽花
④ 산마루에 서 있는 낙낙장송의 의젓한 모습도 보암직스럽고
　　嶺上長松
⑤ 춘삼월 이곳저곳 동네 언덕에서 잔디를 밟는 답청놀이도 볼만하고
　　三春踏靑
⑥ 9월 9일 중양절에 높은 언덕을 찾아 술잔을 기울이어 거나해진 선
　　비들 모습이 그럴 듯하고
　　九日登高

⑦ 사월 초파일 관등놀이로 산 언덕이 불빛으로 환하게 꾸며지는 것도
  볼만하며   ·

　陟巘觀燈

⑧ 계곡 사이의 맑은 물을 따라 갓끈을 빨아 말리는 선비들의 모습이
  또한 그림같다

　沿溪濯纓

고 하였다.

　오늘날 케이블카를 타고 남산타워에 올라 고층빌딩과 질주하는 자동
차 행렬을 보면 '남산팔영'은 새로 지어야 할 것 같다.

　조선 중기 때 지은 「경도잡지(京都雜誌)」에 보면, 단오절이면 도성의
청소년들이 남산 기슭 잔디에 운집하여 우리 고유의 체육인 씨름 대회가
벌어진다고 하였다. 즉, 두 사람이 서로 기능과 각력(脚力)을 겨루는 씨름
은 중국인들이 배워 가서 '고려기(高麗技)'라 하였다고 소개하고 있다.
　서울에서는 남산 북쪽 산록(山麓) 주자동 막바지와 외남산(外南山)의
남단(南壇) 옆 녹사장(綠沙場) 및 북악산 아래 경복궁 신무문 밖 경치 좋
은 곳이 씨름 대회 장소로 유명하였다.

　"남산에는 다섯 개의 봉수대가 있었다면서요."
　"조선 초부터 갑오개혁 때까지 남산은 전국의 다섯 갈래에서 들어오
는 봉수가 집결하는 곳이기 때문에 다섯 개의 봉수대가 있었던 겁니다."
　"그 당시 통신 방법으로는 꽤 발달한 제도 같은데 어떻게 신호를 했을
까요."
　"그거야 잘 알려져 있지 않습니까. 아무 이상이 없으면 매일 한 번씩
연기나 불을 피우고, 적이 보이면 두 번, 적이 국경에 접근하면 세 번, 국

경을 침범하면 네 번, 아군과 접전하면 다섯 번씩 올리게 되어 있었지요."

"하지만, 맑은 날은 밤에 불을 피우고 낮엔 연기를 올리면 알 수 있지만 만일 비와 눈이 오거나 안개가 잔뜩 끼어 있으면 어떻게 연락을 주고받았을까요?"

"그런 악천후(惡天候) 때는 각 봉수대마다 포성(砲聲)과 각성(角聲)으로 알리고 10리 정도 떨어진 다음 봉수대까지 사람이 달려가서 알리게 되어 있었습니다."

보통 변경에서 올린 봉수가 남산에 도달하려면 12시간 정도 걸리는 것이 원칙이었다. 그래서 중종 때 몰래 시험해 보니 5, 6일이 걸리기도 하여 문제가 된 적이 있기도 하였다.

서울 북쪽에서 볼 수 있는 남산의 무성한 수림은 거의 예장동(藝場洞) 지역이다. 이 일대는 속칭 '왜장터'라고도 부르는데, 원래 이 곳은 조선 시대 영문(營門) 군사들이 무예(武藝)를 훈련하는 곳이었으므로 예장동이라 칭해 왔다.

남산 산록의 주자동(鑄字洞)의 평지가 끝난 곳에는 넓은 잔디밭이 있었다. 이 곳은 영문 군졸들이 기예(技藝)를 연습하는 곳이므로 예장(藝場)이라 불러오는데 일반에서 흔히 왜장(倭場)이라 부르는 것은 사실과 다르다고 「한경지략(漢京識略)」에서는 지적하고 있다.

왜장터라고 불리우게 된 것은 전일 안전기획부가 자리했던 일대에 임진왜란 때 왜장 증전장성(增田長盛)이 진을 쳤던 까닭이다. 약 1천 5백 명의 왜군이 이곳에 주둔하면서 성을 쌓았던 것 같다.

1년 만에 왜군이 서울을 철수하자 폐허가 되어버린 서울에 처음 들어온 유성룡(柳成龍)은,

남산 정상 북쪽에 복원되어 있는 봉수대

　　서울에 남은 백성이라고는 백명에 하나도 못되며 그나마 기근과 피로로 귀신 모습이다. 날씨는 더운데 사람과 말의 시체가 곳곳에 쓰러져 악취로 코를 막고 지나야만 하였다. 공사(公私)의 집이 모두 타 버렸는데 남대문에서 동쪽 일대, 즉 남산 밑에 왜적이 진을 쳤던 곳만 남았다.

라고 「징비록(懲毖錄)」에 쓴 것을 보아도 왜군이 남산에 진을 쳤던 것은 틀림없다.

　　조선시대에 남산은 도성을 쌓고 변방의 변고를 알 수 있는 봉수의 집결지로서 국방의 요충지였다. 또한 국가의 안녕을 기원하는 목멱신사(木覓神祠)가 있음에도 왜적 침략의 기지(基地)가 되었음은 참으로 기이한 일이다.

109

개항 후부터 밀려오기 시작한 일본인은 차츰 남산 밑에 주택과 상가를 짓고 자리잡아 나갔다. 한편, 갑신정변(1884) 이후에는 서대문 밖의 공사관이 불타 버린 관계로 왜장터에 일본 공사관을 세웠고, 그 후에는 침략의 원흉 이등박문이 을사조약을 강요하여 이 곳에 통감부를 세웠다.

통감부 건물은 곧이어 총독부 건물로 변신하였고, 부근에는 총독관저와 정무총감의 관저도 지어 한국을 지배하였다.

이 왜장터는 조선 초 무학대사가 명당으로 정했다고 하는데, 세조 때 권신 한명회(韓明澮)가 살기도 하였다.

조선 시대에는 도성 안의 경치 좋은 곳으로 삼청동, 인왕동, 쌍계동, 백운동, 그리고 청학동(靑鶴洞)을 차례로 손꼽았다.

순청골(巡廳洞)

방범을 맡은 순청이 자리한 순화동 일대

현재 중앙일보사가 자리잡은 남쪽, 순화동의 일대는 조선시대에는 풀무골, 또는 야동(冶洞)이라고 불리었다.

풀무골이라는 이름은 이곳에서 풀무질을 해서 쇠를 달궈 연장을 만드는 대장간이 몰려 있었기 때문에 붙여진 이름이라고 전한다.

현재 충무로와 퇴계로가 만나는 충무초등학교 북쪽에 풀무재(야현：冶峴)란 고개이름도 대장간이 많이 있었기 때문에 붙여진 것이다.

순화동의 풀무골은 성 밖의 마을로 일제 때 철도관사가 들어선 이래 현재 오래된 주택이 밀집되어 있어 재개발을 기다리고 있다.

이곳을 순화동(巡和洞)이라고 한 것은 조선시대에 불려진 순청동(巡廳洞)의 '순'자와 일제때 수렛골·잼배·풀무골을 합쳐 화천정(和川町)이라고 불렀으므로 화천정의 '화'자를 각각 따서 광복 이듬해에 서울시에서 제정한 것이다.

풀무골의 남쪽, 남대문과 서소문 중간에는 순청골(巡廳洞)이라는 마을이 있었다. 순청골은 한자식 이름인 순청동이라고 칭하기도 했지만 서울 사람들은 순랫골이라고 흔히 불렀다.

순청골은 이곳에 순청(巡廳)이란 관아가 있었기 때문에 붙여진 이름이다. 순청은 조선초에 서울의 방범(防犯)을 위해 야경순찰(夜警巡察)을 지휘 감독하던 곳이었다.

도성 안에는 좌순청과 우순청 두 곳이 있었다. 좌순청은 창덕궁 남쪽에 있었고 우순청은 세종로 네거리 부근 신문로1가에 있었다.

그런데 순화동 지역에 순청을 설치했다는 것은 남대문 밖이지만 중국 사신이 묵던 태평관에 대한 경호등을 위한 것으로 보인다.

조선초에 설치된 순청은 순장(巡將)을 한명씩 두었는데 순장은 순라조의 인선(人選)을 국왕에게 품신하거나 수레를 타고 도성 안을 순회하면서 순라군을 지휘 감독하였다. 통금을 알리는 인정(人定)을 치면 순라군은 도성 안의 궁궐·주요기관·대갓집 주위를 돌면서 도둑과 수상한 자를 체포하는 등 밤의 치안을 맡았다.

조선 초에는 서울의 방위와 왕실의 보호를 위해 5위(五衛 : 의흥위·용양위·호분위·충좌위·충무위)의 군사들이 있었다. 따라서 5위의 군사들이 교대로 지키고 순찰하였는데 순찰 책임은 정3품 이상의 순장(巡將)이었다.

만약 도성 안에서 통행금지를 어겼거나 군사가 군률을 어겼을 경우에는 이를 순찰하는 군사가 근처의 파출소 격인 경수소(警守所)로 넘겼다가 순청에 구속하였다. 그리고 다음날 국방부 격인 병조(兵曹)에 보고하였다. 그러나 도성 밖에서 위반자를 체포했을 때는 일단 경수소에 수감하였다가 새벽이 되면 순청(巡廳)에 보고하였다.

서울의 도성 안팎에는 경수소(警守所)가 있었는데 오늘날 방범초소와 비슷하여 야간에 도둑의 예방과 체포 그리고 화재예방 등 치안유지를 위해서 순찰하던 순라군이 밤에 거처하던 곳이었다.

경수소는 서울 도성 안에 87개소, 도성 밖에 19개소 등 모두 1백 6개소가 있었다. 이 경수소에는 보병(步兵) 두사람이 부근의 마을사람 5명을 거느리고 활·칼·방망이 등을 휴대하면서 숙직하였다. 그러나 마을사람들 가운데 노인이나 병든 사람, 부양하는 사람이 없는 이는 경수소 근무를 제외시키고 산골짜기에 있는 경수소에는 군인 5명을 배치하였다.

순장(巡將)은 순청의 우두머리로서 오늘날 군부대의 당직사령(當直司令)과 비슷한 직책으로 왕의 지명을 받아 그날 하루의 도성 순찰을 맡아 수행하였다.

「수선전도(首善全圖)」 등 옛지도에 보면 남대문과 서소문 중간에 순청골이라 씌어있다.

풀무골을 비롯해서 순청골은 조선시대에 철물이 거래되던 곳이었다. 최근까지도 인근의 봉래동 1가에 철물상가가 있었으나 삼성생명 건물의 신축으로 헐리었다.

수렛골(車洞)
수레를 끌고 다니던 사람들이 묵었던 순화동 일대

현재 이화여고 서남쪽의 순화동 1번지 8호(삼도물산 재개발지역) 부근은 서대문역(西大門驛)이 있었다. 이 역은 경인선·경부선의 사실상 서울역 노릇을 하였다. 일제 때인 1925년에 서대문역이 현재 위치인 봉래동으로 옮겨진 후 이 일대는 연립주택식인 철도관사가 지어졌다.

서대문역이 있던 동쪽, 즉 중앙일보사옥 앞의 순화빌딩이 세워져 있는 일대는 조선시대에 수렛골이었다. 1902년에 그려진 서울지도에 보면 서소문 밖의 이 지역을 수렛골(車洞)이라고 표시하고 있다.

수렛골은 한자식으로 거동(車洞), 또는 추모동(追慕洞)이라고 부르기도 하였다. 수렛골이라고 부르게 된것은 이곳에 숙박시설이 몰려 있었으므로 수레를 끌고 다니는 사람들이 모여들었기 때문이라는 설이 있다.

그리고 「한경지략(漢京識略)」에 보면 수렛골에는 방이 좁고 많지 않아 젊은이들은 대청마루나 수레에서 잠을 잤기 때문에 이와같이 부르게 되었다는 것이다.

수렛골은 조선 중기 숙종의 계비 인현왕후 민씨가 태어난 곳이다. 지금 순화빌딩 뒤쪽에는 동화약품 건물이 있고, 그 북쪽(순화동 4번지 3호)에는 순화빌딩 주차장이 있는데 이곳이 민씨가 태어난 곳이다.

인현왕후가 태어난 집은 1984년까지 있었으나 재개발이 되면서 헐리었다. 「한경지략」에는 수렛골에는 인현왕후 민씨가 태어난 집터가 있고, 1761년에 영조(英祖)가 이곳에 행차하여 '인현왕후가 태어난 곳(仁顯王后誕降舊基)'이란 여덟 글자를 친히 썼으므로 이를 비석으로 세워 놓았다고 하였다.

이 비석은 언제 없어졌는지 알 수 없고 한때 정원에 작은 연못도 있었다고 한다.

인현왕후는 숙종의 왕비 인경왕후 김씨가 일찍 세상을 떠났으므로 14세의 어린 나이에 왕비로 간택되어 가례를 올렸다. 그러나 5년여가 되어도 후사를 이을 왕자를 낳지 못하자 인현왕후는 종사(宗社)를 위해 궁녀 중에서 장씨(張氏)를 뽑아 후궁(后宮)을 삼게했다. 이 여인이 바로 장희빈(張禧嬪)이다.

그러나 인현왕후는 장희빈의 아들 균(均 : 경종)의 세자 책봉문제로 남인과 서인의 다투는 와중에서 장희빈의 모함으로 폐위되어 6년간 서인(庶人)으로 되었다. 이 때 현재 덕성여자고등학교 자리에 친정집이 있었기 때문에 이곳에서 기거하였다.

숙종은 장희빈을 왕비로 삼았으나 그의 지나친 질투와 시기에 염증을 느껴 부덕(婦德)이 뛰어난 인현왕후를 다시 왕비로 모셔오게 하고 중전 장씨는 후빈으로 낮추었다. 그로부터 7년 후 인현왕후는 장희빈의 저주 속에 그만 젊은 나이로 세상을 떠났다.

조선말의 고종비 민씨는 그 옛날의 일을 회상하여 인현왕후가 서인으로 고생하던 집을 감고당(感古堂)이라 명명하였다.

수렛골은 현재 재개발구역으로 되어있는 서민 주택이 들어 서있지만 조선시대에는 지체높은 양반들이 살았다.

「한경지략」에 보면 수렛골에는 조선 중기 선조 때 종2품 대사헌을 지낸 모당(慕堂) 홍이상(洪履祥 : 1753~1827)의 후손들이 대대로 살았다고 기

예전 서대문역이 가까이 있어 많은 사람이 들끓었던 수렛골 지역.

록되어 있다. 지금 정확한 위치는 알수 없지만 이 집은 행랑채 말고도 안채가 40간이 되는 큰 규모였다는 것이다.

한편 염천교 지하차도 동쪽의 순화동 193번지와 212번지는 주차장으로 사용하고 있지만 전일에는 이 부근을 잼배 또는 자암동(紫岩洞)이라고 불렀다. 그 이유는 이곳에 붉은 빛이 나는 자연암(紫烟岩)이 있었기 때문이다.

남산의 인맥(人脈)

술을 좋아한 조선초의 정승 손순효

　손순효(孫舜孝)는 조선초기 성종때 좌찬성(左贊成)까지 지낸 청렴한 관리로 남산 밑의 명례방(明禮坊)에 살았다.

　그는 어려서부터 총명하여 6, 7세에 이미 학문에 능했다 한다. 26세에 과거에 급제하여 병조좌랑을 거쳐 전한집의(典翰執義)로 있을 때 시정(時政) 17사(事)를 건의하였다.

　강원도 관찰사에 재임하고 있을 때에는 성종이 중전 윤씨를 폐위하자 이를 반대하는 상소를 올리기도 하였다.

　그는 성리학을 깊이 연구하는 학자였으며 문장과 글씨에 능하여 성종의 총애를 받았다. 그래서 성종이 죽자, 손순효는 너무나 애통하여 밤낮으로 통곡하고 달포나 음식을 들지 않았다.

　어느날 성종이 경회루에 올라 산책을 하다가 멀리 남산을 바라보니, 남산 숲 사이로 서너 사람이 모여 있는 것이 눈에 뜨였다.

　'저 사람 중의 한 사람은 분명히 손순효일 것이다.'

라고 짐작한 성종은 내시를 시켜 확인해 오도록 하였다. 이윽고 내시가 엿보고 와서 하는 말이 손순효가 두 손님과 탁주를 마시고 있는데 안주로는 쟁반에 참외 조각만이 놓여 있을 뿐이라고 보고하였다.

손순효가 재상의 지위에 있으면서 청렴하게 지내는 것을 알고 있는 성종은 즉시 사람을 시켜 술과 안주를 내리면서 이르기를

"이 일로 내일 사은(謝恩)하지 말라."

고 말하였다.

손순효는 도승지·대사헌·경상도관찰사 등의 고위직을 거쳤지만 아무리 귀한 손님을 맞더라도 술상에는 안주로 콩자반, 나물만을 내놓고 더 놓지 않았다.

손순효의 일화로 후세에 전해지는 것으로는 술과 관련된 것이 많다. 선조 때 차천로(車天輅)가 지은 「오산설림(五山說林)」에 보면 그에 관해 쓰여진 것이 있다.

손순효는 술을 즐겨 마셨으므로 그를 아끼는 성종은 항상 경계하기를 "석잔 이상 술을 마시지 말라"고 주의를 주었다는 것이다.

성종이 어느날 승문원(承文院)에서 올린 표문(表文)의 문장이 마음에 들지 않아 손순효의 글재주를 빌리고자 사람을 시켜 찾아 오게하였다. 그러나 그의 행방이 묘연하여 10명째 사람을 내 보내도 찾아오지를 못하였다.

저녁 때가 되어서야 겨우 손순효를 찾아 왔는데 머리털이 망건 밖으로 헝클어져 나오고 취기가 만면에 가득하였다. 성종이 그의 이런 모습을 보고 노하여

"표문의 글 좀 고치게 하렸더니 경이 이처럼 취했으니 글렀구려."

"……"

"내 일찌기 경에게 술을 석잔 이상 마시지 말라고 경고했는데 어찌 왕명을 거슬리시오."

하고 나무랐다. 그러자 손순효는

 "황공하옵니다. 신이 시집간 딸을 오랫동안 보지 못하여 딸네집에 들렀더니 술상을 차려 내오길래 세 그릇을 마셨을 뿐입니다."
라고 복명하였다. 그러자 성종이

 "그런데 술잔은 무슨 그릇이오."
하고 하문하자

 "놋쇠 주발입니다."
고 대답하였다.

 그리고 이어서 자신이 왕명을 어긴 것은 천만부당이라고 주장하면서 취중에 붓을 들고 표문을 고쳐 쓰는 데 틀린 글씨가 한 자도 없었다고 한다.

 손순효는 지방 관리로 있을 때도 행정을 소신있게 해내기로도 유명하였다.

 그가 관찰사(觀察使)로 있을 때 기우제(祈雨祭)를 지내면 비가 곧잘 내리기도 했지만 이따금 비가 내리지 않을 때도 있었다. 그러면 손순효는 신(神)에게

 "내가 너에게 비오기를 빌었는데도 비가 오지 않는 것은 무슨 이유인가?"
하고 큰 소리로 신을 꾸짖었다고 한다.

 이 당시 비가 내리지 않고 가뭄이 드는 것은 그 지방 수령의 부덕(不德)이나 부정에 대한 천벌(天罰)로 여겼기 때문에, 손순효가 신을 꾸짖을 수 있는 대담한 용기는 자신의 행실에 대한 자신감을 가지고 있었음을 의미한다.

 손순효는 연산군이 세자로 있을 때 폐세자(廢世子)할 것을 감히 성종에게 건의한 신하이기도 하다.

 어느날 성종이 창덕궁 인정전에 연회를 베풀어 술이 얼근히 취했을 때

의 일이다. 우찬성(右贊成)인 손순효가 넌지시 왕에게 다가가

"친히 아뢸 말씀이 있습니다."

하였다. 성종이 어탑(御榻)으로 올라오게 하였더니 손순효는 장차 세자 연산군이 그 자리에 앉을 것을 암시하고

"이 자리가 아깝습니다."

하였다. 이에 성종은

"나도 또한 그것을 알지만 차마 세자를 폐할 수 없오."

하자 손순효는

"대궐 안에 사랑하는 여자가 너무 많고, 신하들이 상감에게 말을 올릴 수 있는 길이 넓지 못할 것입니다."

하였다. 그러자 성종은 근심어린 빛으로

"어찌하면 세자를 구할 수 있겠는가?"

하니 손순효는

"전하께서 이를 아신다면 저절로 그 해물이 없어질 것입니다."

하였다.

그 후 신하로서 왕의 용상에 올라가는 것도 크게 불경(不敬)한 일인데 게다가 왕의 귀에 가까이 대고 말하는 것은 더욱 무례한 태도이니 손순 효를 하옥하라는 대간(臺諫)의 상소가 있었다. 그리고 손순효가 비밀히 아뢴 말이 무어냐고 물었다. 성종은

"손순효가 과인을 생각하여 여색(女色)과 음주를 경계하라 했으니 무 슨 죄가 될것이 있으리오."

하고 상소를 물리쳤다.

손순효는 항상 자제들에게

"우리집은 초야에서 일어났으니 대대로 전해 내려온 옛 물건은 없다. 다만 청렴하고 결백한 것을 전해주면 그만이다."

고 말하였고 술에 취하면 누워서 손으로 가슴을 가리키면서

"이 속에는 조금도 더러운 물건은 없다."

하였다.

그는 말년에 발광하여 극적으로 세상을 떠났다. 밤중에 갑자기 옷을 벗고 남산 위에 올라가는 악습으로 병이 악화되어 병상에 눕게 되었다.

그는 밥을 먹은 뒤에 부인과 아들들을 불러 놓고,

"내가 젊었을 때 책을 끼고 스승의 문하에서 공부하던 흉내를 내어보고자 한다."

하더니 책 한권을 끼고 섬돌 층계를 서너번 오르내렸다. 그러더니

"피곤하구나. 내가 좀 쉬어야겠는데."

하고는 베개를 베고 누웠다. 집안식구들은 자는 줄만 알고 있다가 한참 뒤에 살펴보니 이미 숨을 거둔 뒤였다.

손순효는 일찌기

"좋은 소주 한 병을 무덤에 같이 묻어달라."

하였기에 그대로 따랐다고 한다.

남산 제 1호터널 입구 부근은 조선시대에 청학동으로 불리던 명당터로서 중종 때 좌의정까지 지냈던 용재 이행(容齋 李荇)이 살았다. 명나라 사신들이 오면 이행의 집을 찾아와 시와 술을 즐겼다 한다. 호를 청학도인(靑鶴道人)이란 칭한 그는 그림으로도 유명하였다. 그는 동구부터 집까지 길 좌우에 소나무·전나무·복숭아·버드나무 등을 심어 놓았다. 그리고 늘 퇴청하면 관복을 벗고 허름한 평복에 지팡이를 짚고 산책을 나서곤 하였다.

어느날 이행이 퇴청하여 산책을 나섰는데 의정부의 하급관리 녹사(錄事)가 급한 일을 이정승에게 알리려고 말을 몰아 청학동 입구에 다다랐다. 녹사가 동네 입구에 오니 웬 촌로(村老)가 지팡이에 나막신을 신고 어린애를 데리고 나오자 대뜸,

"이정승 계시냐."
하고 물었다. 이에 이정승은 천천히,
"으응, 급보가 있을 줄 알고 내 여기까지 나왔노라."
하고 태연스럽게 응대하자 녹사가 어리둥절하여 자세히 보니 이정승인
지라 그만 놀라 말에서 떨어졌다고 한다.

이 청학동에는 이행과 막역한 친구 박은(朴誾)이 살았다. 두 사람은 글
재주가 서로 출중하여 우열을 가리기 어려웠다. 언젠가 이행이 박은의
집에 가서 외출한 박은을 기다리고 있었는데 박은이 밤늦도록 술을 마시
다가 크게 취해 이야기를 나눌 수 없게 되었다. 이에 이행은 할 수 없이
시를 지어 꽃가지에 잘 보이게 걸어 놓고 새벽에야 집에 돌아갔다. 이튿
날 술이 깬 박은이 뜰에 나갔다가 국화꽃 가지 사이의 시를 발견하곤 그
길로 이행에게 사죄하는 시를 지어 보냈다는 것이다. 박은은 26세 때 갑
자사화에 휘말려 귀양지에서 사약을 받았으므로 후에 사람들이 그 재주
를 아깝게 여겼다.

그 밖에도 청학동에는 광해군 때 영의정을 지낸 박승종(朴承宗)이 인
목대비의 폐모를 반대하고 물러나와 이 곳에 읍백당(挹白堂)을 지었다.
그리고 조석으로 인목대비가 계신 서궁을 향해 절을 올렸다는 유명한 이
야기가 전해 온다.

세원지우(洗寃之雨)

신덕왕후 강씨의 능이 있었던 정동

덕수궁이 자리잡은 서쪽 일대를 정동(貞洞)이라고 부른다. 그 이유는 일찌기 태조 이성계의 계비 신덕왕후 강씨(康氏)의 능을 현재 덕수궁 뒤쪽에 만들고 정릉이라고 칭하였기 때문에 조선 초부터 정릉동 또는 정동이라고 하였다. 따라서 돈암동 북서 쪽도 정릉동(貞陵洞)이라고 하니 사실상 서울에는 정릉동이 두 개나 있는 셈이다.

한양에 도읍한 지 2년이 지나 서울의 도성이 거의 완성되던 8월 더위가 한창 기승을 부릴 때 신덕왕후는 어린 방번, 방석 형제와 경순공주를 남겨 두고 승하하였다. 태조 이성계는,

"중전이 먼저 가다니. 중전이 먼저 가다니……"

하며 상심한 모습은 차마 측근에서 바라볼 수가 없었다.

조문을 온 중신들에게 태조 이성계는,

"경들에게 이르노니 오늘부터 국상 기간 동안 조회는 물론 시정(市井)도 철시하도록 하오."

"황공하옵니다. 하오나 중전마마의 장지(葬地)는 어디로 정하는 것이 좋겠습니까."

"중전의 장지는 궁궐에서 늘 바라볼 수 있는 황화방 군기시계(皇華坊

軍器寺契)에 잡는 게 좋겠소.”

“그리고 생시에 중전이 부처를 깊이 신봉했으니 능 옆에 절을 세워 아침 저녁으로 향화(香火)를 올리게 하시오.”

“예. 분부대로 거행하겠습니다.”

이렇게 하여 정릉은 서울 한복판에 들어섰고 덕수궁 북쪽에 흥천사(興天寺)라는 절을 세웠다. 이 절에는 양산 통도사(通度寺)에 있던, 신라 자장 스님이 당나라에서 구해 온 우리나라 유일의 석가여래의 사리(舍利)를 옮겨다 놓고 많은 불경과 보물을 두었다. 지금 돈암동 북서쪽 산마루에 있는 신흥사(新興寺)는 정릉이 옮겨진 후에 개축한 것으로 ‘새절’이라고 불리웠는데, 흥선대원군이 크게 확장토록 하고 나서 흥천사라고 현판을 써준 것이다.

정동에 있었던 정릉은 태종이 즉위하면서 푸대접을 받게 되었다. 이는 이방원(태종)이 건국공신으로 왕위를 계승하고자 하던 차에 신덕왕후 소생 방석을 세자로 삼자 신덕왕후를 증오하게 되었던 것이다.

신덕왕후가 세상을 떠난 지 2년 뒤 ‘왕자의 난’을 일으킨 이방원은 방번과 방석을 죽이고 드디어 왕위에 오르자 정릉을 눈에 가시로 여겼다. 이윽고 태조 이성계가 승하한 지 9개월 정도 지나자 도성내에 능침을 두지 않는다는 이유를 내세워 정릉을 동소문 밖 사을한리(沙乙閑里)로 이장하였다.

그 후에 정릉은 돌보는 이가 없어 능침이 황폐해져 아무도 신덕왕후의 능으로 보지 않았는데, 170여 년이 지난 선조 때 신덕왕후의 후손인 강순일(康純一)이 조정에 소청하여 정릉을 다시 찾게 되었다.

그런데 정릉을 찾기 위해 아차산 일대를 모두 뒤졌으나 흔적이 보이지 않자, 조선 초 태종 때 변계량(卞季良)이 하늘에 제사 지낸 제문(祭文) 속에서 정릉에 관한 구절을 겨우 찾아 정릉 위치를 확인하였다.

덕수궁 뒤쪽의 신덕왕후 강씨 능을 정릉동으로 옮겨 서울에는 두 개의 정릉동이 있는 셈이다.

그 후, 현종 10년(1669)에 송시열 등의 주장에 따라 신덕왕후의 신위를 종묘에 봉안하고 능을 복원하였다. 이때 현종은 교서(敎書)를 반포하고 이를 경축하는 과거시험을 특별히 실시하는 등 성대하게 행사를 치렀다.

정릉을 복원하고 제사를 지낼 때 비가 억수같이 이 곳에만 쏟아졌으므로 사람들이 일컫기를,

"이 비는 하느님이 신덕왕후의 억울한 원한을 씻는 비(洗寃之雨)임에 틀림없어."

라고 하였다.

가게(假家)

남대문로에 즐비하였던 노점상

오늘날 가게라고 하면 대개 길거리에서 물건을 파는 상점이라고 생각하는 사람이 많다. 그런데 조선시대에는 규모가 작은 구멍가게 같은 점포를 가게 또는 가가(假家)라고 했다. 즉 대로변의 주택을 내물려서 임시로 허름하게 지은 노점같은 상점을 일컬었다.

여기서 조선시대 상인들을 분류해 보자.

우선 관아에서 지어준 점포를 빌어 고정된 장소에서 장사를 하는 좌고(座賈)라는 상인과 지방을 돌아다니며 장사를 하는 행상(行商) 등 두 종류의 상인이 있었다.

좌고는 좌상(坐商)이라고도 칭하는데 시전(市廛)과 같이 비교적 규모가 큰 '전(廛)'이 있었고, 상품을 직접 만들어 파는 '방(房)'이 있었는가 하면 방보다 규모가 작은 '가가(假家)'가 있었다.

가가는 속칭 가게라고도 부르게 되었는데 이들은 대부분 도로를 침범하였다.

조선시대 실학자 박제가(朴齊家)는 「북학의(北學議)」에서

시중의 주민들이 전(廛)을 열고 물건을 파는 것을 가가(假家)라고 한

다. 처음에는 처마끝에 차양만을 쳐서 집안으로 옮겨 들일 수 있는 정
도에 불과했으나 차츰 흙을 바르고 쌓아서 드디어 길을 차지하게 이른
것이다. 그리고 문 앞에는 나무까지 심어 말을 탄 사람이 서로 만나면
길이 좁아 다닐 수 없게 되는 경우도 있다.
라고 서울에 가게가 생겨난 경위를 밝혀 놓았다.

그런가 하면 조선말기에 서울에 왔던 미국인 선교사 조오지.W.길모어
는 「서울에서 본 한국」에서

노점과 가게들이 길을 차지하여 겨우 우차(牛車)가 다닐 만한 좁을
길이 남겨져 있을 뿐이다…… 길 양편에 있는 토지 소유자들이 조금씩
길을 침범해 들어와서 자꾸 내어 지은 땅이 점유한 사람의 권리가 되어
필경 도로가 침식되고 길을 막게 된 것이다.

라고 보고 느낀 바를 적어 놓고 있다.
그는 대궐 정문으로 통하는 길, 즉 지금의 '세종로' 네거리에서 광화문
까지의 대로 외에는 모든 대로·중로가 모두 가가(假家)에 의해 노폭이
침범되었다고 했다.
한편 오늘날 '새문안길'과 '종로'는 서울의 동서를 잇는 간선도로인데
이 길은 왕의 능행(陵幸) 등 거둥하는 길이었다. 왕이 행차하게 되면 그
때마다 길을 점거한 가가(假家)는 자진 철거하고 왕이 다시 환궁하면 그
날로 다시 세워지곤 했다.
조선말과 일제 때 학자인 이능화(李能和)는 「이조시대 경성시제(李朝時
代 京城市制)」라는 논문에서
'내가 어렸을 때 왕의 행행(行幸)이 잦으면 한달에도 몇번씩 있었다.
이때마다 가게를 헐었다가는 다시 짓는 것을 여러차례 보았다.'고 하

예나 지금이나 즐비한 가게와 사람들로 북적대는 남대문 시장은 활기가 넘친다.

였다.'

「경성부사(京城府史)」 제2권에는 대한제국 말에 가가(假家)를 10년간 묵인해 주었다고 씌어있다. 즉 건양 원년(1896)에 서울의 도로폭을 규정하는 법령을 제정하여 대로의 폭을 55척으로 줄였다. 이에 따라 가가를 인정하고 이 건조물이 10년이 되면 영구건물로 묵인한 것이다. 그 뒤 통감부는 10년이 되어 가가의 사용을 계속 원하는 경우에는 5년간 더 연장해 주기로 하였다.

그러나 5년 연장의 규정은 잘 지켜지지 않았다. 즉 가가는 기와나 석조(石造)가옥으로 개조함으로써 종로·남대문로에 위치했던 가가는 즐비한 점포로 변모해 버렸다. 따라서 그 부지(敷地)는 사유지로 전매되어 많은 분쟁을 일으켰다는 것이다.

19세기 말경 서울에 왔던 미국인 공군 하사 에드먼드는 기행문에서

　길가의 가게와 집들은 거의 서로 붙어있는 단층집들이다.…… 많은
사람들이 처음보는 그림같은 가게에서 물건을 흥정하고 있었다. 가게
들은 거의 좁아서 주인들도 그 속에 들어가 앉을 수 없었다. 따라서
주인들은 밖에 놓은 작은 마루에 쭈그리고 앉아서 가게 앞 작은 터전
에 서 있는 손님을 접대하였다.
　물건은 가게 속 시렁 위에 쌓여 있었는데 손님이 필요한 것을 말하
면 주인은 팔을 벌려 이를 꺼내왔다. 두 손이 어떻게 그 속에 무엇이
있는지를 잘 아는지 놀랄 수 밖에 없었다. 상품은 매우 종류가 다양하
고 풍부하였다.

　이어 러·일전쟁이 막바지에 이른 1905년 스웨덴 신문기자 A. S. 그렙
스트가 서울에 들어왔다. 그렙스트는 그의 견문담을 「코레아 코레아」라
는 책에 실었다. 이 책에는 서울의 거리와 가게 모습을 상세히 써놓았다.
　그는 서울의 거리를 단조롭다고 느끼고 상점은 도시의 몇구역에만 따
로 위치해 있고, 가게는 두 종류로 나누어 개방적인 가게와 폐쇄적인 가
게가 있다고 했다.
　'개방적인 가게는 일본의 가게를 연상케 하는데, 길 옆에 생활필수
　품을 진열해 놓아 행인이 언제든지 걸음을 멈추고 자기가 원하는 물건
　을 고를 수 있다.'고 한 뒤
진열된 상품들을 열거해 놓았는데 그 중에는 놋쇠로 만든 번쩍번쩍 빛나
는 물건 외에 중국과 일본상품, 골동품 등을 보았다고 써 놓았다.
　'어떤 구역에 가면 아름다운 한식 장롱을 파는 가게가 있고 자개가
　박힌 보석함이나 손궤, 은세공품도 있다.'
고 하였다.
　뿐만 아니라 재수가 좋으면 이런 가게에서 녹색, 빨강, 금색, 은색 등
으로 그림이 그려 있거나 자수가 있는 병풍 한 두 점을 구입 할 수 있다

고 했다.

　'조선인 뿐만 아니라 동양의 고전 예술과 옛 수공업품에 일가견을
　갖고 있는 외국인들도 이 병풍들의 가치를 높이 평가하고 있다.'
고 병풍을 극찬하였다.

다음에 폐쇄적인 가게는 무명, 비단, 신발 등을 파는 대상인의 가게로 규
정하였다.

　만약 고객이 가게 안으로 들어와

　"옷감 한벌 끊으러 왔소이다."

하고 말하면 가게주인은 고객이 주문한 물건을 창고에서 꺼내와 가게 안
의 고객에게 보여준다. 그런데 절대로 모든 재고품의 견본을 보여주는
일이 없다는 것이다. 고객이 혹시

　"이것보다 다른 것은 없소."

하면 주인은

　"이보다 더 좋은 물건은 없습니다."

라고 딱 잘라 말하는 것이다.

　가게주인들은 물건을 파는데 적극성을 보이지 않는것 같다. 따라서 고
객들은 상인들에게 자기가 원하는 물건을 정확히 이야기해야 한다. 가격
은 깎을 수 있을지언정 물건에 대해 좋고 나쁨을 품평하는 것은 금기(禁
己)되어 있다는 것이다.

　또 그렙스트는 서울의 가게주인들은 간판을 걸지 않는 대신 큰 점포에
서는 예외없이 몇 사람의 종업원을 둔다고 했다. 이들은 고객이 가게 앞
을 지나려고 할 때,

"손님, 무얼 찾으십니까. 가게에 들어와 보십시오. 아주 싸게 팝니다."

라고 열심히 선전하여 손님을 유치한다는 것이다.

　그 밖에도 어떤 종류의 생필품이나 잡화는 시장에서 파는데 시장의 주
위환경은 매우 깨끗하다고 평하였다.

한성 철시(漢城撤市)

청·일 상인들을 축출하려던 서울 상인들

임오군란(1882) 발발 이후 청나라 군대의 주둔과 원세개(袁世凱)의 조선 내정 간섭을 기화로 삼아 서울에는 청나라 상인들이 눈에 띄게 늘어났다.

이들은 서울의 수표교, 남대문 부근과 종로 일대에까지 점포를 내어 종로 상인들을 위협하였다. 그러자 외무장관 김윤식(金允植)은 이를 심각하게 여겨 외국인을 4대문 밖으로 몰아내어 양화진(楊花津)에 외국인 거주지를 만들려고 구상하기도 하였다.

그런데 갑신정변(1884) 이후에는 일본인 상인까지 서울에 본격적으로 진출하기 시작하여 진고개(泥峴) 일대에 자리잡기 시작하였다. 게다가 서울에 진출한 일본인 상인들은 청나라 상인보다 오만불손하고 속임수가 많아 신용이 없었다. 거기다가 시민들의 배일 감정(排日感情)으로 상업 활동은 그리 활발하지 못했으나 청·일 양국은 서울의 상권을 둘러싸고 치열한 다툼을 벌였다.

고종 24년(1887) 초.

서울의 상권을 잠식(蠶食)해 오던 진고개 일대의 일본 상인들은 드디어 스기무라 일본 공사를 통해 종로 용동(龍洞) 일대에 점포를 개설하겠다고 조선정부에 정식으로 요청해 왔다. 그렇지 않아도 종로 상인들은 문호개방 이래 청나라 상인들이 상권을 계속 확장하는 바람에 상업에 적지 않은 타격을 받아 왔는데 일본 상인들까지 종로에 진출해 온다면 큰 위협이 아닐 수 없었다.

한편, 외무장관인 김윤식은 이 공문을 받고 나서,

"지금은 날씨가 추우므로 앞으로 해토(解土)되면 청·일 양국 상인의 이설건(移設件)을 구체적으로 논의할 것이오."

라고 일본 공사에게 거절하는 공문을 보냈다. 그러나 종로 상인들은 이 같은 소식을 접하자 크게 놀랐다. 그래서 이에 대한 대책을 궁리한 끝에 2월 3일 아침부터 외국 상인 진출에 항의하는 철시(撤市)를 하기로 정하였다.

이를 일컬어서 제 1 차 '폐문 철시(閉門撤市)'라고 하는데, 이때 곡식과 어류 등을 제외한 도성 안의 모든 점포가 문을 닫았다.

그리하여 많은 상인들이 종로 거리에 운집(雲集)해 있을 때, '종로 이남 지역은 일본 상인들에게 주고, 그 서쪽은 서양인에게 준다'라는 유언비어까지 퍼져 군중들의 분위기는 차츰 험악해 가고 있었다. 드디어 수천 명으로 늘어난 군중들은 통리아문(統理衙門)까지 몰려가 외국과 맺은 조약에 항의하는 시위를 벌이고 이를 개정할 것을 진정하였다.

그러자 이들을 진정시키기 위해 김윤식이 군중 앞에 나타나,

"한성개잔(漢城開棧)은 이미 청나라가 철회하기로 했으므로 각국도 따라서 자동적으로 철회하게 된다. 앞으로 3, 4월까지만 기다리면 될 터이니 토지, 가옥을 외국인에게 팔지 못하도록 금한다." 고 설득하니 그제서야 군중들은 이 조치를 믿고 오후 늦게 해산하였다.

이 '폐문 철시'로 갑자기 서울 장안의 쌀값이 폭등하는가 하면 일본인 중에는 이 소요에 놀라 재빨리 자기 집의 부녀자들을 인천으로 피난시키기도 하였다.

그러나 양화진에 외국인 집단 거류지를 조성하려는 외무장관 김윤식의 공언은 별 진전이 없었다. 이러는 사이에 청·일 양국 상인들의 수효는 매년 증가하여 고종 26년(1889) 말경의 양국 상인 수는 거의 천 삼백여 명이나 되었다.

더구나 청·일 양국 상인들의 노점은 종로와 동대문, 남대문 안팎의 요지에 골고루 퍼져 있었으므로 종로 상인들은 이제 실력행사로 이들을 성 밖으로 축출해야겠다고 생각하게 되었다.

종로 상인들은 고종 27년(1890) 1월 6일부터 제 2차 '폐문 철시'를 단행하였다.

이리하여 수백 명의 종로 상인들은 다시 통리아문(統理衙門)에 몰려가 청·일 양국 상인들의 한성 철수를 청원하였다. 이들은 외무부에서 확실한 답변을 듣지 못하자 아문(衙門) 안팎에 멍석을 깔아 놓고 연좌시위(連坐示威)에 들어갔다.

이때 종로 상인들은 장안 곳곳에 '외국 상인들은 인천으로 물러나고 한성은 재래 상인들에 전업(專業)하게 함으로써 오백년 내려 온 상거래 질서가 회복될 것이다'라는 방(榜)을 붙여놓고 2, 3일간 폐문 철시를 계속하였다. 이처럼 종로 상인들의 폐문 철시가 계속되자 서울의 민심은 흉흉하여 폭동으로 번질 조짐까지 나타났다. 이에 외무장관인 민종묵(閔種默)은 이 사태를 해결하기 위해 청나라 공사관의 원세개(袁世凱)에게 협조해 줄 것을 요청하였다.

그러나 원세개가 호락호락 이 요구에 응하지 않자, 민종묵 대신은 결국 청나라의 외교를 맡은 북양대신(北洋大臣) 이홍장(李鴻章)에게 사신을 파견하기로 결정하였다.

민종묵은 이와 같은 조치를 취한 뒤에 종로 상인 대표들과 만나 전후 사정을 밝히면서 앞으로 20일간만 참아 줄 것을 부탁하였다. 또한 이 내용을 서울 각처에 써 붙여 놓자 시위 군중들은 이 글을 읽고 점차 흩어지기 시작하였다.

그 당시 원세개는 청나라에 보낸 전보문(電報文)에서 이 '폐문 시위'을 고종(高宗)이 사주(使嗾)한 것으로 보고하였다. 즉, 고종이 우포도대장(右捕盜大將) 한규설(韓圭卨)에게 청·일 양국 상인들을 위협하여 강제로 이전시키고자 한 책략으로 종로 상인들을 선동했다는 것이다.

이 내용이 실제인지는 알 수 없으나 종로 상인들의 제 2차 '폐문 철시'와 집단 시위에 대해 지대한 관심을 갖고 그 결과를 주시한 측은 일본이었다.

일본은 조선 침략의 거점(據點)을 구축해 가는 단계로서 일본 상인들을 점차 서울에 이주, 정착시켜 토지·가옥을 매점하게 하였다. 일본은 서울에서 소요가 일어나면 그들의 거류민 보호를 구실삼아 일본군을 즉각 파병(派兵)하여 주둔할 수 있기를 바랬다. 그리하여 종로 상인들의 제 2차 '폐문 철시'가 일어났을 때 일본은 군함을 인천에 급파하여 만일의 사태에 대비하도록 조치하였다.

그뿐 아니라 청나라 주재 일본 공사에게 지령하여 조선에서 파견한 문의관(問議官) 일행의 동정과 북양대신 이홍장의 반응 등을 탐지, 보고하도록 하였다.

한편, 서울의 일본 공사관은 '폐문 철시'가 일어나자 이를 주시하기는 했지만 비교적 태연할 수 있었다. 그 까닭은 조선 정부의 재정 형편을 일본 공사관이 환히 알고 있었던 것이다. 조선의 재정 상태가 곤란하여 청·일 양국 상인들이 매입(買入)해 놓은 서울의 토지, 가옥 등 부동산의 보상 비용을 충당하기가 어렵다는 것을 익히 알고 있었던 것이다.

그 후 일본 상인들은 고종 30년(1893)부터 남대문 시장에 노점을 차려 청나라 상인들과 경쟁에 들어갔다. 일본 상인들은 남대문로와 종로 일대에 걸쳐 '丁(정)'자형으로 점거하고 있었으므로 청나라 상인들과 대항하기 위해 진고개에서 벗어나 남대문로로 진출한 것이다.

그 이듬해에 청일전쟁이 일어나자 청나라 상인들이 본국으로 떠나는
수가 늘어났으므로 일본 상인들은 마음놓고 상업 행위를 하게 되었다.

4

서울이 있기까지

설 울(雪菀)

눈 울타리에 쌓은 서울 성곽

서울에는 천백만의 시민이 모여 살지만 서울이란 명칭이 있게 된 내력을 소상히 알고 있는 사람은 드문 것 같다.

우리말 서울이란 칭호를 언제 어디에서 연유되었는지를 찾아보려면 삼국 시대 초기로 거슬러 올라가 볼 수 밖에 없다.

신라는 초기에 '서라벌', '서벌'이 나라 명칭인 동시에 지역 명칭이었다.

그런데 옛부터 나라의 도읍지는 한자로 '경(京)'이라고 쓰여졌으니 자연 서라벌, 서벌은 '경(京)'과 같은 의미로 통했던 것이다.

'동경(東京) 밝은 달에 밤 들어 노닐다가……'

라는 신라 처용가에서도 수도를 동경, 즉 동서울로 불렀던 것으로 알 수 있다.

이리하여 서라벌, 서벌이 세월이 흐름에 따라 서울로 전음(轉音)되었음을 짐작할 수 있다.

그런데 조선 중기 영조 때 이중환(李重煥)이 지은 「택리지(擇里志)」에는 서울의 명칭이 '설울(雪菀)'에서 비롯되었다고 소개하고 있다.

조선 태조 이성계는 고려왕조를 무너뜨리고 난 뒤에 새 도읍지를 물색하다가 한양으로 정하고 개경으로부터 천도하였다.

수도의 면모를 갖추기 전에 천도하였던 까닭에 우선 왕이 거처할 궁궐과 집무할 관아를 짓게 한 뒤 서울을 지킬 수 있는 도성(都城)을 쌓도록 명하였다.

이때 한양 건설 책임자는 개국공신 정도전(鄭道傳)이었다. 정도전은 도성을 어디에서부터 어디까지 쌓아야 할지 막연한데다가 여러 신하들의 의견을 조정하느라고 무척 고심하였다.

마침 계절이 초겨울이라 밤중에 눈이 내렸다가 새벽이 되자 눈이 녹기 시작하였다. 그러나 기이하게도 서울 주위의 북악산, 인왕산, 남산, 낙산을 잇는 능선에는 눈이 녹지 않은 채 남아있지 않은가.

이 보고를 받은 정도전은 이내 밖에 나가 확인해 보니 말 그대로 눈줄기가 서울 주변을 주욱 둘러싸고 있었다.

희색이 만면한 정도전은 하늘을 쳐다보며

"이것이 모두 하느님께서 도성을 이 자리에 쌓으라는 계시로구나."

하면서 곧장 태조 이성계에게 이 사실을 아뢰었다.

태조 이성계는 정도전과 함께 눈줄기를 따라 걸어 보고 나서 즉시

"이 선을 따라 팻말을 세우고 도성을 쌓도록 하라"

고 지시하였다.

이리하여 서울의 성곽이 이루어졌으니 이는 마치 눈으로 울타리를 쌓은 '설울(雪菀)'이라 할 수 있다.

따라서 이 말이 전국에 퍼져 한양을 '설울'이라고 일컫다가 차츰 이 말이 변해 서울이라고 되었다는 것이다.

이와같이 서울이란 명칭은 옛부터 수도(首都)를 일컫는 대명사였지만 1946년 8월 15일부터 우리 나라의 수도 명칭이 정해짐으로써 고유명사로 바뀐 것이다.

인왕산에 올라 성벽을 내려다보면 당시를 연상할 수 있다.

그리고 일제 때에 경성부(京城府)의 경성(京城) 또한 새로 지어진 이름은 아니고 이미 신라 때에 서울의 성곽을 경성이라고 호칭하다가 서울 전체를 의미하는 명칭이 되었던 것이다.

이와같이 경성은 경성부 이전에 널리 서울의 지명으로 호칭되었음을 알 수가 있다. 실제로 조선시대에 한성부를 경성으로 기록된 내용을 많이 볼 수 있다.

옛 문헌에서 서울을 나타내는 속칭은 한두 가지가 아니다.

수선(首善) · 경도(京都) · 경조(京兆) · 경사(京師) · 황성(皇城) 외에도 8만장안이라고도 하였다.

8만장안이란 말은 8만 명이나 되는 많은 사람들이 모여 사는 서울이란 뜻이 아니겠는가.

한성부(漢城府)

조선시대 서울시청격인 한성부에서 하던 일

한성부는 조선시대의 서울 명칭이다. 1,100만 시민이 살고 있는 지금의 서울특별시는 시청과 구청, 동사무소가 행정을 맡고 있다. 또한 시민의 안녕과 질서를 위해 경찰청과 소방본부가 설치되어 있다. 그렇다면 이렇게 많은 시민의 뒷바라지를 위해 봉사하는 공무원은 얼마나 될까?

1995년말의 서울시 통계를 보면, 본청 공무원이 1,983명, 시의회 및 사업소 공무원이 1만 834명, 구청 공무원이 2만 5,353명, 동사무소 공무원이 1만 1,385명, 소방공무원이 4,633명 등 모두 5만 4,188명이 시민들을 위해 봉사하고 있는 것으로 나타난다.

조선시대 한성부의 정규직원은 가장 많을 때가 융희 3년(1909)에 31명이였고, 가장 적은 때는 고종 24년(1887)으로 6명이 근무한 적도 있다. 그외에도 조선 말기에는 한성부의 임시직원은 126명이 있었으니 150여명의 직원으로 약 20만명 서울인구의 살림을 맡은 셈이다.

한성부의 근무는 여름철과 겨울철이 달랐다. 여름철에는 대개 오전 6시에 출근하여 오후 6시에 퇴근하고, 겨울철이면 오전 8시에 출근하여 오후 4시에 퇴근하였다.

조선시대에는 유교의 윤리가 엄격한 사회였으므로 한성부 관원의 근무는 업무 외에 예의가 몹시 까다로왔다.

먼저 한성부 관원들의 출퇴근 시에는 고위직 관원은 정문으로 출입하고 하위직 관원은 옆문으로 출입하도록 규정되어 있었다. 또한 출퇴근 때 길에서 하위직 관원이 고위직 관원을 만나면 길을 비켜야만 하였다.

오늘날 국장급인 서윤(庶尹 : 종4품)이 근무복인 단령을 벗지 않으면 하위직 관원도 단령을 벗을 수 없었다. 또 서윤이 퇴근한 후에야 하위직 관원들은 퇴근할 수 있었다.

오늘날 서울특별시장과 같은 한성판윤(漢城判尹) 등 고위직 관원이 출퇴근하게 되면 그 절차가 복잡하였다.

우선 판윤이 출근하게 되면 예방(禮房), 서리(書吏)가 고위직 관원들에게 각각 알린다. 이때 본부사령(本部使令)은 길에 부복해서 맞이한다. 낭청(郎廳)들은 3문 안의 대석(臺石) 위에서 북쪽을 향해서 서 있고, 부시장격인 좌윤(左尹), 우윤(右尹)은 남쪽 계단 위에서 역시 북쪽을 향하고 서 있는다.

이윽고 판윤이 도착하면 좌윤, 우윤과 절을 나눈다. 판윤이 청사에 올라가서 남쪽을 향해서면 좌윤, 우윤이 올라가서 다시 인사를 나눈다.

판윤이 좌정하면 하급관원들은 예방서리(禮房書吏)의 안내에 따라 배알 인사를 하게된다. 먼저 낭청이 예방서리를 따라 판윤에게 절을 하고 그 다음에 좌윤, 우윤에게 한번 절을 한다. 이어서 율관(律官)이 먼저와 같은 순서로 인사를 드리고 서리는 계단 중간에서 무릎 꿇고 절을 하고 사령(使令)들은 뜰 아래에서 무릎 꿇고 절을 하였다.

다음에는 낭청 중에서 수석인 서윤(庶尹)이 낭청실에 서 있으면 다른 낭청들이 서윤 앞에 가서 서로 인사하고 자기 자리에 돌아가서 앉는다. 그런 뒤에 서리는 계단 위에 올라가서 무릎 꿇고 절을 하며, 사령들 또한 계단 아래에서 무릎 꿇고 절을 하였다.

이와같은 의식이 있은 후에 업무가 시작되는 것이 상례였다. 특별한

한성판윤은 오늘날의 서울특별시장과 같은 고위직 관원이며 한성부는 서울시청격이다.

경우 이외에는 판윤 등 고위직 관원이 퇴근할 때의 예의도 출근 때와 동일하였다.

서울시청은 현재 중구 태평로 1가 31번지에 있다. 시청이 이곳에 있게 된 것은 1926년에 경성부(京城府)청사를 지은 후부터이다. 이 자리는 조선시대 때 무기및 화약, 군대에 필요한 물건을 제조하는 군기시(軍器寺)가 있던 곳이다. 이 앞은 조선시대 때 중대한 죄를 지은 죄인들을 공개 처형하는 사형장이기도 했다.

조선왕조 5백년 동안 한성부는 중앙부서인 6조(六曹)와 같은 격이었다. 그리하여 한성부 청사도 '6조거리'인 현재 세종로 84번지(현재 정보통신부 자리), 이조(吏曹)와 호조(戶曹)청사 사이에 있었다.

조선 건국초에 한성부 청사를 지었는데 이곳은 전일에 한양부 성황당이 있었다. 물론 성황당은 이전되었지만 부근에 세워져 제사를 받들었다고 한다.

그런데 세종 28년(1446)에 세종의 7남인 평원대군의 집을 이 부근에 짓는 바람에 한성부 청사 일부가 철거 당하기도 하였다.

한성부는 오늘날과 같이 수도 행정과 치안을 담당하였으며 의금부(義禁府), 형조(刑曹), 사헌부(司憲府), 포도청과 같이 사법(司法)업무도 담당한 점이 특이하다.

또한 한성부는 서울의 호적업무를 맡아보는 외에 전국의 호적 업무를 담당했다.

한성부의 주요 업무를 살펴보면 인구조사, 상업, 주택, 토지, 임야, 도로, 교량, 개천 준설, 세금, 부채 정리, 폭력 단속, 순찰, 검시(檢屍), 차량, 소방, 가축 관리 등이었다.

이와같은 다양한 업무를 한성부내의 이방(吏房), 호방(戶房), 예방(禮房), 병방(兵房), 형방(刑房), 공방(工房)의 6방에서 분담했다. 6방의 조직을 보면 우선 이방은 좌윤(左尹) 밑에 서윤(庶尹)이, 호방은 판관(判官)이 감독하도록 되어 있었다. 예방, 병방은 우윤(右尹) 밑에 제1 주부(主簿)가, 형방과 공방은 제2 주부가 감독하도록 조직되어 있었다.

그러면 한성부의 6방(六房)은 각각 어떤 업무를 담당하였을까?

먼저 현재 서울특별시의 내무국과 유사한 이방(吏房)은 한성부 관원들의 평가된 근무성적을 관리하고 인사를 담당하였다. 근무평가는 매년 6월과 12월에 실시하였는데 그 기준은 시험과 근무능력 및 상급자에 대한 언동, 예의 등도 참작하였다.

상급자에 대한 예절로 예를 들면, 서윤이 들어오면 모든 낭청은 일어나서 자리를 비키고 말을 타고 길을 가다가 상급자를 만났을 때는 말머리를 돌려서 피해야 했다. 한성부의 관원이 오늘날의 구청과 유사한 5부(五部) 등 예하기관에 갈 때는 복장과 몸가짐을 단정히 해야 했다. 비록 근무시간이 아닐지라도 5부의 관원이 본부인 한성부에 오면 편히 앉아서 농담을 나누어서는 안되었다.

한성부 관원들의 근무 평가는 엄정함과 비밀유지를 위해 서윤이 평가표를 작성하여 이것을 새벽에 판윤과 좌윤, 우윤의 집을 각각 방문하여 결재를 받았다.

「경국대전」을 보면 관원의 근무평가는 상·중·하의 3단계로 하되 10번 심사하여 매번 상(上)이면 당하관(堂下官, 정 3품 이하)은 1계급 승진시키게 되었다. 만일 10번 중에 2번 중(中)을 받으면 봉급이 없는 직책으로 밀려나고, 3번 중을 받으면 파면하였다. 그리고 당상관(堂上官)은 10번 평가 중에 한번 중을 받게 되면 파면하였다.

오늘날 서울시의 재무국이나 산업경제국에 해당되는 호방(戶房)은 주로 호적 업무와 재정, 토지, 가옥 등을 관리했다. 호방은 서울의 호적 뿐만 아니라 전국의 호적 업무를 담당했으므로 업무가 많았다. 즉 한성부 청사의 반 이상되는 99간이 호적을 보관하는 창고이고, 호적 업무를 보는 곳이 26간이나 되었으므로 청사의 3분의 2를 호적관계 부서가 차지하였다.

호적은 3년마다 한번씩 작성하여 1부를 한성부, 다른 1부는 호조에 보관하다가 조선 후기에는 강화도에 보관했다. 강화도에 호적을 보낼 때에는 말 다섯 필을 내었다.

조선초 세종 10년(1428)에 실시한 호구조사 기록을 보면 서울의 인구는 10만 3,328명이었고, 조선중기 정조 4년(1780)에 비로소 20만을 상회했지만 조선말까지 변함이 없었다. 한성부의 호방은 호적 업무 외에도 시전(市廛) 업무를 담당하였다. 원래 시전 업무는 경시서(京市署)가 맡았지만 경시서는 서울 뿐 아니라 전국의 시전 업무를 관장하였다.

서울의 시전은 조선초 정종, 태종 때 남대문에서 동대문에 이르는 길가에 수천간에 달하는 행랑을 국가에서 지어 놓았다. 시전의 상거래는 엄격하게 규정되어 있었다. 즉 미곡, 어물, 과실 등 수요가 많은 것은 제외하고 한 가게에서 한가지 물건만 팔게 하였다. 만일 국가에서 공인한 상품을 허가를 받지 않고 팔면 '난전(亂廛)'이라 하여 처벌하였다.

그밖에도 호방은 서울에 주택을 신축하려는 사람에게 대지를 지급했는데 지위에 따라 차등을 두었다. 그런 다음에는 주택을 제대로 건축했는가도 감독하였다. 호방은 이외에도 대지와 주택을 팔고 사는 것을 확인하는 증서를 발행했을 뿐 아니라 잡다한 업무도 많았다. 먼저 국왕이 죄인을 직접 문초할 때에는 호적을 찾아서 궐하에 대령해야 했고, 중국 사신이 올 때는 이들을 맞이하기 위한 잡색군(雜色軍)을 뽑아야 했다. 도성 내외에 호랑이 등 맹수의 피해가 예상되면 그 지역에 군대를 파견하여 포획하게 하였다.

또 매년 연초가 되면 과거에 급제한지 60년이 되는 노인에게 연회를 베풀고, 관리로서 80세가 넘는 사람과 양반의 부녀자로서 90세가 넘어 극빈한 사람들을 파악하여 도와주며, 국왕이 농사짓는 일을 시범으로 보이는 친경(親耕) 때에는 40명의 노인을 선발하는 일도 맡았다.

그리고 국상(國喪)이 났을 때 상여를 운반할 군사를 뽑아 보내고, 서울의 걸인을 구제하며, 16세 이상의 정남(丁男)에게 호패(號牌)를 발급하는 것 외에 사채를 놓아 이자를 받아 치부하는 자를 단속하였다.

호방의 또하나의 큰 업무는 재정관계를 들 수 있다. 오늘날과 유사하게 한성부의 재정은 일반회계와 특별회계로 구분하였다.

한성부 고위직 관원들의 녹봉은 국가로부터 받아 지급하고, 하위직 관원의 녹봉과 업무비는 중앙과 지방으로부터 재정 지원 및 대지, 가옥, 전답세를 받아 충당하였다.

오늘날 보건사회국의 업무와 유사한 예방(禮房)은 간택령(揀擇令)이 내리면 한성부 예하의 5부에 명하여 사대부 중에서 적격자를 골라 명단을 제출케 하고, 이를 수합해서 예조에 보고했다. 간택은 왕이나 왕자, 왕녀가 배우자를 고르는 일로서 간택령을 내리면 전국의 모든 결혼식은 금지되었다.

조선시대에는 풍수지리설이 신봉되어 자기 조상을 명당에 모시려는 경향이 대단했다. 이에 따라 묘지를 쓰는 일을 둘러싸고 분쟁이 일어나는 산송(山訟)이 그치지 않았는데 서울지역은 예방이 처리하였다.

또한 한성부 관할구역 내에는 묘지를 쓰지 못하게 되어 있었으므로 이를 항상 살펴야만 하였다.

그리고 일식이나 월식이 일어나면 국왕이 한성부에서 제사를 지낼 때가 많았다. 이 제사 또한 예방에서 주관하였다.

왕의 거둥 때에는 어가(御駕)를 인도하고 백성들이 가까이 접근하지 못하게 막으며 길가의 다섯째집까지 엄중히 경비하였다.

그 밖에도 예방은 결혼 적령기가 된 처녀, 총각이 집안이 가난하여 예식을 올리지 못하는 경우를 조사하여 중앙에 보고하고, 이들을 도와 주도록 건의하는 일을 맡았다.

오늘날 소방본부와 유사한 업무를 수행한 병방(兵房)은 서울의 중요지역이나 중요인물이 거처하는 곳을 5부에 분담시켜 야간순찰, 즉 좌경(坐更)을 감독하였다.

그리고 서울에서 자주 화재가 일어나 인명과 재산피해가 심했으므로 병방은 방화(防火)와 소방업무를 담당하였다. 이 업무는 조선초 태종 17년(1417)에 제정된 금화령(禁火令)에 따랐다.

소방업무는 병조와 금화도감(禁火都監)이 주관하고 있었으므로 한성부는 이에 협조하는 기관이었다고 볼 수 있다. 여기서 세종 13년(1431)에 제정된 「비화조례(備火條例)」를 보면 화재가 나면 민, 관, 군이 동원되어 소화하도록 조직하는 외에 소화기구를 마련하였으니 이는 현재 민방위제도와 비슷하였다.

오늘날 서울특별시 경찰국에 해당하는 형방(刑房)은 아무 까닭없이 죽은 사람의 사인(死因)을 규명하기 위해서 5부의 담당관원과 함께 시체를 검사하는 일을 맡았다. 검시(檢屍)는 의심이 나면 6회까지 할 수 있지만 대개 2회내지 4회까지만 하였다.

첫번째 검시는 한성부의 율관(律官)과 의관(醫官)이 서리(胥吏)와 시체를 취급하는 하인인 오작인(伍作人)을 대동하고 현장에서 실시했다. 검시가 끝나면 소견서와 검안서를 작성하여 형조(刑曹)에 보고하는 동시에 한성부에도 검안서를 제출하였다. 그리고 두번째 검시는 한성부의 당하관(堂下官)이 직접 실시하고 세번째는 형조에서 낭관(朗官)을 보냈다.

그밖에도 형방은 권력있는 자가 남의 집을 빼앗아 차지하는 것을 매월 조사해서 보고했다. 즉 영조 7년(1731)에 왕이 여사(閭舍)를 차지한 관원을 조사시켰더니 예조 정랑 유굉이 이를 빌어 살고 있었다. 이에 영조는 유굉을 삭탈관직시켜 유배시키고, 한성부의 실무자와 감독관인 당상관도 문책하였다.

형방에서 왕이 거둥할 때나 중국사신이 오갈 때 길가의 잡인과 개의 접근을 막고 도로를 경비한 것은 예방과 비슷하였다. 그런 한편 승려들이 서울에서 북을 두드리지 못하게 하고, 2년마다 노비문서를 작성하여 보고하는 일을 맡았다.

현재 건설관리국에 해당되는 공방(工房)은 서울의 도로와 교량을 관리하였다.

태종 7년(1407)에 서울에 도로가 좋지 않았으므로 한성부에서,

"서울의 도로는 개국 때에 반듯하고 직선으로 건설하여 차량이 마음대로 통행할 수 있었는데, 지금은 무지한 사람들이 주거지를 넓히기 위해 도로를 침범하여 울타리를 만들었습니다. 또한 도로에 집을 짓기도 하고 심한 경우에는 도로를 막아버리기도 하여 통행이 불편할 뿐만 아니라 화재 위험도 적지 않으니 도로를 원래 상태로 해야겠습니다."

라고 건의하였다.

그 뒤 세종 9년(1427) 11월 17일에 왕이 승지(承旨)에게

"현재 서울의 도로를 침범한 관계로 철거해야 할 주택이 얼마나 되느냐"

고 묻자

"예, 거의 만여호에 이릅니다"

하고 문답한 내용이 기록되어있다.

공방은 도로의 침범을 막고 오물을 함부로 버리지 못하게 하는 외에 도로가 파손되면 사람들을 동원하여 보수하는 일을 맡았다. 그 밖에도 공방은 서울의 개천(청계천)을 준설하여 물이 잘 흐르도록 함으로써 장마 때나 폭우가 내릴 때 범람하지 않도록 힘썼으며, 개천에 교량을 놓거나 보수하는 일도 맡았다. 조선중기 영조 때에 와서 개천을 관리하는 준천사(濬川司)를 설치하고 훈련도감, 어영청, 금위영의 군영(軍營)도 개천 준설을 분담하게 하였다.

태조 이성계는 한양으로 천도한 이듬해인 1395년에 한양부를 한성부로 개칭하였고, 1396년 4월에 서울의 행정구역을 정했다. 당시 한성부의 행정구역은 도성 안은 물론 도성 밖 10리 내외, 즉 '성저10리(城底十里)'까지로서 오늘날 서울시의 강북지역이 이에 해당된다.

서울특별시는 현재 25개 구청과 530개의 동사무소가 설치되어 시민들의 행정을 맡고 있지만 조선 건국초에는 한성부의 행정구역은 5부(部) 52방(坊)으로 나누었다.

5부는 동·서·남·북·중부로서 오늘날 구(區)와 유사하여 부의 책임자는 영(令;종6품)으로서 그 밑에 녹사(錄事) 2명 씩을 배치했다. 그 후 성종 때 완성된 「경국대전」에 보면 영(令)을 주부(主簿)로 임명하고 그 밑에 종9품인 참봉(參奉) 2명을 두도록 하고 있다.

52방의 각 방(坊)에는 오늘날 동장에 해당되는 관령(管領)을 두어 행정을 담당시키고, 5가(家)의 장(長)을 지휘하도록 하는 한편 그 밑에 대장

(隊長), 대부(隊副), 체아(遞兒) 5명을 배치하였다.

조선 건국 초에 '성저 10리'는 5부에 소속시키지 않고 색장(色掌)으로 하여금 관할하게 하고, 따로 관령(管領) 15명을 두다가 업무가 늘어나자 세종 10년(1428)에 도성 밖도 5부에 편입하였다.

조선중기 영조 18년(1742)에 이르러

"한성부의 5부의 책임자인 주부 대신 도사(都事)로, 참봉 대신 봉사(奉事)로 바꾸는 것이 옳은 줄로 아옵니다" 하고 아뢰자, 국왕이

"무슨 연고로 바꾸려는 것이오"·하니

"이는 다름이 아니오라 주부가 관할 구역 내의 백성들을 다스려야 하는데 부민(部民) 중에 사소한 잘못이 있어도 이를 제대로 바로 잡지 못하고 있기 때문입니다."

"으음."

"따라서 5부의 책임자를 의금부의 도사와 같이 사법권을 가진 강력한 책임자가 배치되어야 부민을 철저히 다스릴 수 있을 것으로 생각되옵니다."

"그렇다면 5부 책임자의 임기는 어느 정도로 하는 것이 효율적이겠는가?"

"예, 도사의 임기는 6개월로 하여 순환근무를 시키는 것이 나태와 부정을 막을 수 있을 것입니다."

이 건의를 영조는 그대로 실시하도록 명하였다.

그로부터 50년이 지나 정조 16년(1792)에 이르러 도사는 영(令)으로, 봉사(奉事)를 도사로 고치고, 그 밑에 서원(書員) 4명, 사령(使令) 8명, 대청직(大廳直) 1명, 군사(軍士) 2명을 배치하였다.

5부는 갑오개혁 때 5서(署)로 칭해졌는데 5부의 업무는 관할 주민들의 위법사실을 다스리는 외에 도로, 교량, 방화, 토지측량, 검시(檢屍) 등을

맡아보았다.

　5부의 구역을 대체로 살펴보면, 우선 동부(東部)는 현재 창덕궁·종묘가 있는 종로구의 북동쪽, 성북구·도봉구·동대문구 일대 지역이 된다.
　서부(西部)는 사직로의 남쪽, 세종로, 태평로 서쪽의 종로구·중구 지역과 용산구 서쪽지역·마포구 일대가 되며 남부(南部)는 태평로·남대문로 동쪽의 중구 지역 및 용산구의 동쪽지역이 포함되어 있다.
　북부(北部)는 율곡로·사직로 북쪽의 종로구 지역 및 은평구·서대문구 일대이고, 중부(中部)는 청계천 1가에서 4가 이북의 종로구 중심부 일대가 되는 좁은 지역이다.
　조선중기 이후 한성부의 행정체제는
　부(部) → 방(坊) → 계(契)·동(洞) → 통(統)으로 조직되고, 「경국대전」에 보면 5호를 1통으로 하여 통주(統主)를 두게 되어 있었다.

도성 축조(都城築造)

조선 최대의 토목공사였던 서울성곽

지금부터 603년 전 11월 29일.

태조 이성계 일행은 천도를 위해 개경을 떠난 지 사흘 후에 한양에 도착하였다.

그 당시 한양은 수도로서의 시설을 제대로 갖추지 못했으므로 태조 이성계는 한양부 청사의 부속 건물에 임시로 거처를 잡고 신도읍 건설에 착수하였다.

도시 계획에 따라 그 해 12월 3일부터 궁궐과 종묘·사직을 짓기 시작하여 1년 2개월 만에 완성을 눈앞에 두게 되었다.

이때 태조 이성계는 정도전을 불러,

"경에게 맡긴 도성(都城)은 어찌 진행되어 가오."

"예, 분부대로 소신이 도성을 쌓을 위치를 직접 답사하여 본즉, 백악산(북악산), 인왕산, 남산, 낙산의 4산을 잇는 성을 쌓는 것이 가장 타당하리라 생각됩니다."

고 아뢰자 태조 이성계는 다시,

"그렇다면 도성의 길이는 얼마나 되겠소."

"신이 실제로 재어 보니 5만 9,500척(약 45리)가 됩니다."

"으음. 그러면 경에게 도성을 짧은 기일 내에 쌓을 수 있도록 진행을 맡기겠소."

이리하여 도성은 예정대로 각도의 민정(民丁)을 징집하여 태조 5년 (1936) 2월 하순부터 49일의 말미를 주고 공사를 시작하였다.

이때 동원된 민정은 약 12만 명으로 경상도·전라도·강원도 그리고 함경도·평안도 일부 사람들이었다. 황해도, 경기도, 충청도 사람들은 지 난 해에 동원되었기 때문에 제외된 것이다.

음력 정월이니까 일기는 몹시 추웠다.

"왜 이렇게 엄동설한에 도성을 쌓는다고 백성들을 동원할까?"

"만일 농사철에 백성을 동원하면 농사는 누가 지어 처자식을 먹여 살 린답디까."

"하긴 그렇기는 하지만 워낙 추우니까 하는 소리가 아니겠소."

"어서 우리가 맡은 구역을 끝마치고 고향에 돌아갈 생각이나 합시다." 라고 말하면서 모두 성 쌓는 일에 전력을 기울였다.

당시 도성 축성은 97개 구역으로 나누어 600척을 1구역으로 하였으니 이를 환산하면 1,217명이 180미터를 쌓게되고, 7명이 약 1미터씩 쌓는 셈 이다.

민정들은 49일분 식량을 각자 준비해 갖고 와서 식사를 할 수 있었지 만 잠자리는 노숙(露宿)하지 않으면 아니 되었으니 그 고생은 이루 말할 수 없었다.

밤낮을 가리지 않고 공사를 진행하자 동상자(凍傷者)와 부상자가 늘어 갔고 전염병까지 돌아 죽는 사람이 속출하였다.

이때 전염병 등으로 많은 사람들이 쓰러지는 것을 본 종림(宗林)이란 스님은 윤안필(尹安弼)과 함께 판교원(板橋院)이란 구호소를 세워 병을 치료하고 음식을 제공하여 칭송이 자자하였다. 태조 이성계도 이를 듣고 크게 격려하였다.

　도성 축성과 관련하여 효녀 도리장(都理莊)의 이야기가 남아 있다.
　도리장의 아버지는 전라도 장성에서 성을 쌓으려 서울에 올라왔다가
그만 병에 걸려 판교원 구호소에 있었다. 이 소식을 들은 무남독녀 도리
장은 아버지를 생각하며 통곡하다가 아버지를 찾아가기로 결심하였다.
주위의 만류를 뿌리치고 도리장은 남장(男裝)을 하고 떠났다.
　연약한 처녀의 몸으로 추운 날씨에 천 리 길을 떠난다는 것만 해도 효
성이 지극하지 않고서는 엄두도 낼 수 없는 일이다. 도리장은 서울로 올
라오는 도중에 병으로 누운 사람이 있으면 아버지가 아닌지 반드시 확인
해 보았다. 겨우 판교원을 찾아 부친을 만나게 되었는데 거의 운명 직전
이었다. 도리장이 정성을 다해 간호하자 얼마 후 차도가 있었다. 도리장
은 온갖 난관을 무릅쓰고 부친을 부축하여 고향에 돌아오니 칭찬이 자자
하였다.
　이 이야기가 조정에 보고되자 태조 이성계는 특별히 옷감을 상으로 내
려 도리장의 효성을 칭찬하였다.

　그런데 1차로 쌓은 도성은 3분의 2 이상이 토성(土城)이고 성문도 만들
지 못해 완전한 성곽 구실도 할 수 없었다. 그리하여 그 해 여름 장마에
도성 이곳저곳이 무너지자 보수를 계속하였고, 남대문은 도성 쌓은지 2
년 후인 태조 7년(1398)에 승려들을 동원하여 완성시켰다.
　태조 이성계가 22만 여명을 동원하여 두 차례에 걸쳐 쌓은 도성은 대
부분 토성(土城)인 까닭에 큰 비만 내리면 보수를 해야만 하였다. 태종은
왕위에 있는 동안 풍년을 기다려 대대적인 도성 수축을 하려 했으나 끝
내 이루지 못하였다.
　세종이 등극하자 공조판서로 있던 최윤덕(崔潤德)이 왕에게 아뢰기를,

　"성곽은 사람으로 비유하면 의복과 같이 밖을 막고 안을 보호하는 것입니다. 그런데 서울의 성곽은 무너진 곳이 많아 찢어진 옷을 입고 다니는 격이 되고 말았습니다. 그리하여 풀 베는 아이나 나뭇꾼들이 마음대로 넘나들어 허술하기 짝이 없습니다. 다행히 금년에 오곡이 풍성하니 명년 봄에 도성을 수축하기 바랍니다."

　"경이 말이 옳다. 그러나 이것은 매우 큰 공사이므로 명년 봄에는 쌓기가 어려우니 우선 무너진 곳만 쌓고 다시 풍년을 기다려 쌓는 것이 어떠하겠소."

　세종의 애민(愛民)하는 마음을 신하들이 모를 리가 없어 더 이상 논의는 없었다. 그러나 상왕(上王)으로 있는 태종이 이 말을 전해 듣고, 아들 세종에게 도성 수축의 걱정거리를 넘겨 준 것을 몹시 미안하게 여겨 우의정 이원(李原)을 불렀다.

　"도성은 반드시 수축하지 않으면 아니 되는데 큰 일을 벌이면 백성의 원망이 클 것이다. 그러나 잠시 수고하지 않으면 영구히 편치 못할 것이니 내가 수고를 당하고 상감에게 편안함을 남겨 주는 것이 좋겠다."
하고 이원(李原)을 곧 공사의 책임자로 임명하였다. 그러자 이원은

　"기왕 도성을 수축하는 바에야 국가 백년대계를 위해 전일의 토성은 모두 헐어내고 석성(石城)으로 개축하는 것이 마땅한 줄로 생각됩니다."
라고 말하자 이조판서로 있던 맹사성(孟思誠)은 이에 맞서 세종에게,

　"단단하게 쌓은 토성은 오히려 돌로 쌓은 것보다 견고하니 백성들의 힘을 적게 들이기 위해 무너진 곳만 수축하는 것이 가(可)할 줄로 압니다."
라고 상언하자 세종은 상왕 태종과 상의한 끝에 맹사성의 의견을 채택하기로 하였다.

조선초 선조들의 피와 땀으로 이룩된 건축물이며 사적인 서울 성곽 ▶

세종 4년(1422) 1월. 전국 방방곡곡마다 동원령이 내리자 만나는 사람마다 도성 수축이 화제거리였다.

"이번 부역에 뽑힌 사람은 언제까지 한양에 도착해야 하는가?"

"정월 보름까지 도착되도록 기일을 꼭 지켜야 한다네. 그리고 2월 25일까지 끝내야 한다니까 40일간 양식을 준비해 가지고 올라가야 될 걸세."

"세 고을의 수령 중 한 사람이 장정을 인솔해서 한양에 올라가 도성 쌓는 것을 지휘 감독까지 해야 하는데 만약에 날짜를 어기는 수령은 엄벌에 처한다는구만."

"이번에 한양에 모이는 장정들은 얼마나 될까?"

"자그만치 32만 2천 명이 동원된다네."

"그러면 서울 인구가 겨우 10만 명인데 무려 3배가 넘는 장정들이 모인다면 유사 이래 처음 있는 일이구만."

"성 쌓는 일도 중노동이겠지만 한양까지 천리 길을 엄동설한에 걸어가려면 얼어 죽지나 않을는지 모르지."

이와 같이 큰 공사가 벌어지는 서울은 갑자기 많은 사람들이 모여들어 혼잡을 이루게 되자 자연 곡식 가격이 폭등하기도 하였다.

2월 25일까지 40일동안 담당구역을 수축하는 각 지방 수령들은 기일 안에 다 마치면 귀향할 수 있었으므로 밤낮을 가리지 않고 일을 시켰다. 이에 세종은 각 수령들에게

"성문을 여는 파루 때(오전 4시경)부터 일을 시작해서 성문을 닫는 인정 때(오후 10시경)까지만 작업을 하라."

고 명하였다.

그래도 하루 18시간 이상 중노동을 견디지 못해 도망가는 사람도 많았다. 이에 조정에서는 초범자는 곤장 80대, 재범자는 사형이라는 중벌에

처하였다.

세종은 추위로 동상에 걸리거나 부상자가 생기는 것에 대비하여 의원 60명을 서울 두 곳에 대기시키고, 또한 경상도의 승려 탄선(坦宣)을 불러 승려 3백 명을 거느리고 구호 활동을 하도록 하였다.

그러나 이와 같은 배려에도 불구하고 공사를 마칠 때까지 872명이 죽었으니 부상자는 얼마나 발생되었는 지 알 수 없다.

실로 도성은 우리 선조들의 피와 땀으로 이룩된 건축물이며 사적(史蹟)이자 문화유산이다.

100년 전의 서울
미국 선교사가 본 신비한 서울의 모습

지금부터 약 100여년 전 19세기 말엽에 서울에 온 미국 선교사 조오지·W·길모어는 서울의 당시 모습을 적어 책으로 발간하였다. 「서울에서 본 한국」이란 제목으로 1892년에 미국 필라델피아에서 발행된 책을 보면 당시 서울의 모습을 살펴보는데 도움이 된다.

서울에서 밤을 지내는 최초의 인상은 마치 아더왕의 법정에 선 양키와 같은 느낌을 준다. 문이 닫힌 성에 에워싸인 도시는 어두워지면 등불도 없고 행인도 없기 때문에 손에 등불을 들고 나가야 하고, 성을 넘지 않으면 도망칠 수 없는 것을 생각하면 서양 중세기 때의 정취가 난다.

고도(古都) 서울을 둘러싸고 있는 도성을 보고 느낀 길모어는 행동의 제약을 못마땅하게 생각한 것 같다. 그는 서울의 당시 인구를 25만 내지 40만 명으로 추산하고, 도성 성곽에 관해 세심한 관찰을 했던지 재미있는 글을 남겨 놓고 있다.

사각형으로 된 성벽은 1변이 10리 정도로 22척 내지 30척 높이로 쌓아져 있다. 성벽 꼭대기에는 거벽(鋸壁)으로 되어 대포가 아닌 궁수(弓手)를 위해 구멍이 뚫려 있다. 이 성벽은 깎아 낸 듯한 절벽을 통과하기도 하여 오르기 어려운 곳을 제외하고는 평시에 좋은 산책로가 된다. 성을 쌓은 지 500년이 되었다지만 몇 군데를 제외하고는 잘 보존되어 있다.

성벽의 표면은 미끄럽지 않아 어느 곳이든지 올라갈 수 있으며 군데군데에는 성문이 닫힌 뒤에도 사람들이 출입한 흔적이 보인다.

이 성벽은 산의 높고 낮음에 따라 방어력을 높이기 위해 8개의 문이 나 있다. 그중 1개 문은 북한산의 성루(城壘)로 빠지는 비밀 통로로 되어, 이 문은 국왕이 위급한 때에 도망하기 위해서 마련된 것이다. 즉, 이 길은 국왕이 도망한 뒤에 추적하지 못하도록 급히 파괴해 버리게 되어 있다.

길모어가 지적한 비밀 성문은 숙정문이나 창의문으로 생각되는데 그의 기록이 사실인지는 알 수 없다.

그는 또한 서울의 도로에 대해서도 세세히 적고 있다.

서울은 13세기 중세 때와 같은 성곽 도시인데 3개의 넓은 길이 있다. 그 하나는 서울의 동서를 관통하여 동대문에서 끝이 나고, 다른 두 개는 이 길로부터 직각으로 뻗어 있다. 즉, 대궐 정문으로 가는 큰길과 남대문으로 통한 길이다.

그 중 대궐로 통해 있는 길은 훤하게 뻗어 있어 그 길의 넓이를 알 수 있지만 다른 두 길은 가게와 노점이 점거해 버려 소달구지가 겨우 지날만한 좁은 길이 남겨져 있다.

한 번은 이 노점들이 철거되어 애초의 도로를 본 일이 있다. 그러니

100년전 서울은 아름다운 성곽도시였다고 한다.

까 처음에 도로를 낼 때에는 넓었는데, 도로변의 토지 소유자들이 불
법으로 공용 도로를 침식해 점포를 지은 관계로 길이 좁아진 것 같다.
이에 따라 기와지붕이 길 앞으로 나와 말을 탄 사람이 겨우 길을 지날
정도이다.

도로 사정에 대한 이야기는 과장된 표현이 없지 않으나 그의 관찰은
예리한 것 같다. 길모어는 서울의 치안에 대해서도 유심히 살펴보았다.

낮에 순경을 볼 수 없는 것은 이 나라 국민들의 온화한 성격을 증명
하는 것이다. 이 곳의 경찰 업무는 밤에 외국인 주택이나 공사관에 대
해 군인이나 고용인들이 담당하고 있다. 낮에는 보통 순찰이 없으나
아주 드물게 시민들이 흥분해 있을 경우 이외에는 경찰력이 필요한 것

같지 않다. 또 술에 취해 떠드는 사람은 거의 없다. 나는 2년간 거주하는 동안 이와 같은 광경을 두 번 밖에 보지 못하였다.

또, 한국인들은 '피부는 내가 가진 단 하나의 물건이다'라는 생각이 철저한 지는 몰라도 부상에 대해 퍽 민감하다. 그래서 싸움을 피하려고 한다. 그런데 외국인들이 처음 볼 때에는 싸움이나 논쟁이 잦다고 느낄 때가 많다. 이는 시민들이 이야기하는 목소리가 엄청나게 크기 때문이다. 내가 땅콩 한 되를 사는데 그 상인한테

"나는 귀머거리가 아니다"

라고 말하지 않을 수 없었다. 그러나 도시 뿐만 아니라 전국 어디서나 생활의 위협은 없고 거의 안전하다.

길모어는 그 밖에도 순라꾼들이 밤에 지팡이 끝에 쇠징을 박아 땅에 탕탕 치고 다니는 것을 이상스럽게 생각하였다.

길모어는 서울에 체류하면서 한국말을 배우려고 한국말 선생을 두었다. 그가 서울 거리에서 눈에 띄게 이상하다고 느낀 것은 개와 봉수(烽燧)였다.

서울의 한 가지 특징은 개를 많이 기르는 것이다. 거리를 지나다 보면 어느 집이고 대문 아래 구멍이 나 있다. 즉, 어느 집이고 적어도 한 마리 이상의 개를 기르고 있기 때문이다. 개는 셀 수 없이 많지만 개들의 행동은 외국인들에게 큰 흥미거리이기도 하다. 왜냐하면 이 개들이 길거리에서 한국인들은 본체만체하다가 외국인만 보면 꼬리를 감춘 채 도망쳐 문구멍으로 들어간다. 그리고는 문구멍에서 보이는 안전한 곳에 서서 지나는 외국인을 향해 무시무시하게 짖는다. 개들은 잘 먹지 못해 가련하게 보이는데, 특히 여름이면 덤벼드는 파리떼 때문에 눈이 짓물러서 한층 더 참혹하게 보인다.

해질 무렵의 서울의 산봉우리를 보고 있으면 중세 때의 모습을 보는 것과 같다. 산봉우리에서 1개, 2개, 3개, 4개의 불이 타 오르는 것을 볼 수 있다. 이것을 사람들에게 물어 보니 이 불은 먼 지방으로부터 모두 무사하고 평온하다는 것을 알리는 봉화(烽火)라고 가르쳐 준다.

길모어는 일본에도 머물렀던 까닭인지 한국과 일본의 복식 차이를 써 놓았다.

내가 상륙해서 인력거를 타고 구경다닐 때에 우리들은 노동자들이 도시 밖으로만 나서면 잠방이 외에 다른 옷을 벗는 것을 흔히 보았다. 일본인들은 그들 고용주의 종용에 따라 좀 더 옷을 완전히 입고 다니는 것임을 알았다.

한국인의 옷감은 무명과 비단, 풀로 짠 옷감을 푸르게 물들이고 아이들은 붉게 물들여서 입는다. 비단은 검은색 외에 모든 색이 있는 것 같고 남자들은 제일 화려한 옷을 입는다. 또 시민들의 옷 모양은 모두 같은데 이는 모양이 한 번 결정되면 모두 그것에 따르고, 또 그렇게 만들어 입기 때문인 것 같다.

길모어는 머리와 모자에 대해서도 유심히 관찰하였던 것 같다.

한국 사람들의 화장(化粧)에 있어서 제일 큰 관심거리는 머리이다. 그 식(式)은 남자, 여자, 어른, 아이에 따라서 다르다. 머리를 빗는데 한국인은 매연(煤煙) 같은 것을 섞은 포마드를 사용한다. 이것은 머리가 검고 빛나게 하기 위해서이다. 이 때문에 아이들은 머리 꼬리가 흔들거려 저고리와 두루마기 등이나 어깨를 아깝게도 더럽힌다. 등에 땋아 내린 머리는 총각이라는 표시로서 결혼하면 어른이 되어 머리 빗는 법이 달라진다.

　세계 각국 중에서 한국은 모자의 나라라고 할 수 있다. 길을 갈 때 나뭇가지로부터 떨어지는 뱀을 막기 위해서 우산 같은 모자를 쓰는 아마존 밀림 속 외에는 한국 사람들이 세계에서 가장 넓은 모자를 쓰고 있다. 특히, 상제(喪制)의 갓은 가장 커서 이것을 쓰면 얼굴도 가릴 수 있다. 상제의 갓을 이렇게 크게 만든 것은 죽은 사람의 가족에 대해서 하늘이 노했으므로 얼굴을 하늘로부터 가린다는 뜻에서 비롯되었다고 한다. 천주교 신부들이 이 나라에 깊이 들어가서 오래동안 있었던 것은 변복하고 이 상제 복장으로 다닐 수 있었기 때문이다.

　길에서 보는 한국 부인들은 얌전하다. 그들의 신과 버선, 치마 각반이 햇빛에 눈같이 희게 빛난다. 그들은 장식을 좋아하고 얼굴을 희게 하는 분을 바른다. 반지는 대개 두 개를 끼는데 금반지를 낀 여자는 드물고 두껍고 튼튼해 보이는 은반지를 끼고 있다.

길모어는 한국인의 오락에 대해서 스케이트 구경을 즐긴다고 기록하고 있다.

　새롭고 이상한 것을 구경하러 모이는 것이 한국인의 특징이다. 어느 때 서울 교외에서 스케이트 타는 것을 구경하기 위해 순식간에 천여 명이 논두렁 주위에 모인 적이 있다. 또, 이 스케이트 타는 것을 왕비가 소문으로 듣고 이를 보고자 스케이트 타는 사람을 궁중으로 불러들였다.

　궁중의 작은 연못 가운데는 섬이 있고 아름다운 정자가 있었는데 이 속에 왕과 왕비가 발(簾)을 치고 내시들과 함께 스케이트 타는 것을 보고 있었다.

200년 전의 서울

기와집이 바다와 같이 깔려 있던 서울 풍경

고려 시대만 하더라도 오늘날의 서울은 남경(南京), 한양으로 일컬어지던 곳으로 도처에 울창한 숲이 있었다.

200년 전, 현재 서울대학교 부속병원이 자리잡은 연건동 일대는 경모궁(景慕宮)과 함춘원(含春苑)이 있던 곳이다. 이 곳에는 호랑이가 자주 출몰하여 낮에도 사람들이 떼를 짓지 않고서는 넘을 수 없는 고개였다. 그리하여 백 명이 떼를 지어 넘는 고개라 하여 '배우개(梨峴)'란 고개 이름이 붙여지기도 하였다.

그 외에도 남산과 동소문 밖, 즉 지금의 삼선교 근처에는 산신령으로 경외(敬畏)되는 호랑이가 출몰하였으므로 시민들의 화제거리가 되었다.

당시 서울은 '고개의 도시'라 할 정도로 고개가 많았다. 즉, 무악재(母岳峴)를 비롯하여 진고개(泥峴), 아현(阿峴), 구리개(銅峴), 인현(仁峴), 풀무고개(冶峴), 송현(松峴), 야주개(夜珠峴), 동소문 고개(東小門峴), 되너미 고개(敦岩峴)…… 등 이루 셀 수 없을 만큼 많았다. 이에 따라 서울에서는 수레(車) 사용하기가 불편하였다. 그 결과 두 가지 어려운 점이 있었다.

그 하나는 수레라는 운반수단을 용이하게 사용할 수 없었으므로 장작을 들여오는 데 불편하였다. 이로 인해 온돌방은 큰 집이라야 한 개 내지 두 개 밖에 없었으므로 이 곳에는 노인이나 환자가 주로 거처하였다. 이에 젊은이들은 마루방에다 병풍을 쳐 놓고 잠을 잤던 것이다.

따라서 당시 옛 사람들은 추위에 대한 저항력이 대단했던 것 같다.

다른 하나는 수레가 없었으니 쓰레기는 물론 분뇨를 처리할 수가 없어 서울 장안은 위생상 중대한 문제를 안고 있었다.

그런데 18세기 말엽 정조(正祖) 때의 서울 모습은 많이 변했음을 알 수 있다. 즉, 박제가(朴齊家)의 「성시전도(城市全圖)」에 의하면

'서울의 상업 중심은 배우개(梨峴), 종루(鐘樓), 칠패(七牌)로 옮겨졌다고 하였다. 또한 이 곳은 상인의 집합소일 뿐 아니라 온갖 수공업자가 일을 하고 있고, 청나라에서 수입한 연경사(燕京絲)와 북관마포(北關麻布), 어물(魚物), 곡물, 과실 등이 산적되어 화물과 시민들로 잡답(雜踏)을 이루고 있다.'

고 하였다.

그런데 지금 종로 5가쪽은 이와 같았으나 탑골공원 근처는 당시만 해도 자못 한가로운 전원 풍경을 지니고 있었다. 즉, 유득공(柳得恭)의 회고시(懷古詩)에 의하면 이 근처에는 콩밭이 있어서 부추꽃에 날아드는 나비들의 모습이 제법 운치가 있었다고 소개하였다.

당시에는 풍수(風水) 사상이 풍미하던 때였다. 또 대궐보다 높은 집을 짓는 것은 금법(禁法)이었으므로 남산에서 서울 장안을 굽어보면 기와집과 초가의 단층 지붕이 바다와 같이 깔려 있었다.

그러므로 자연 광화문과 창덕궁의 누각의 선이 한결 돋보였고, 탑골공원의 대리석 석탑도 마치 흰 죽순처럼 뚜렷하였다. 또 이곳저곳에 장대를 세우고 종이로 큰 등잔과 같은 것을 달아 놓은 것이 눈에 뜨이는데 이것은 서울의 명물 장국밥 집의 간판이었다.

200년전의 서울은 기와집으로 바다를 이루었다고 한다.

한편, 서울 사람들은 신분과 직업에 따라 그 주거 지역이 정해 있었다. 즉, 북촌(北村)의 안국동·계동·가회동 등에는 세도 양반들이 많이 모여 살고, 남촌(南村)의 남산골에는 불우한 양반, 중촌(中村)의 청계천 좌우에는 중인들과 시전 상인들이 모여 살았다. 그리고 인왕산 아래에는 별감(別監), 이속(吏屬)들, 왕십리에는 잡상인, 물장수, 군인들이 각각 모여 살고 있었다.

이 당시 서울의 인구는 조선초 세종 때보다 두 배로 늘어, 정조 7년(1783)에는 20만 명이 되었다. 그리고 문 안과 문 밖 사이에는 높은 성벽이 있어 문 안팎의 교통은 겨우 성문을 통해 이루어지고 있었다. 성문을 열고 닫는 것은 종로 네거리 종각에서 울리는 종소리에 따랐다. 밤 10시가 되면 28번의 인정(人定)이 울려 성문이 닫히고, 새벽 4시경이면 33번의 파루(罷漏)에 맞춰 성문이 열렸다. 이에 맞춰 성문 밖에서 기다리고

있던 사람과 우차(牛車)가 줄을 지어 문안으로 들어왔다. 이 성문의 개폐
는 교통 통제와 범죄 수사에는 편리하여 비상한 사건이 일어나면 낮에도
성문을 닫고 범인을 수색하는 일도 있었다.

300년 전의 서울

일본에서 독일인이 쓴 「조선 견문기」

독일 의사 시볼트는 1823년부터 7년간 일본에서 머무르다가 귀국한 뒤에 「일본(日本)」(9권)이란 책을 냈다. 그 중 제5권은 「조선」편이다. 그런데 조선에 와 보지도 않은 그가 어떻게 이 책을 썼을까? 이는 당시에 태풍으로 일본 나카사키까지 오게된 36명의 조선인을 만나서 그들에게 들은 이야기를 적어 놓았던 것이다.

「조선」편 안에는 일본 어부가 태풍으로 인해 구사일생으로 중국해안에 표류했다가 청나라의 배려로 조선을 거쳐 일본에 돌아와서 쓴 「조선견문기(朝鮮見聞記)」가 수록되어 있다.

우리는 이 글을 통해 지금부터 300년 전, 즉 인조 23년(1645) 서울의 모습을 알 수 있다.

1645년 12월 9일에 압록강을 건너 조선에 들어온 15명의 일본인과 10명의 청나라 호위병 일행은 의주와 안주를 거쳐 이달 28일에 서울에 도착했다. 미리 기별이 있었던 까닭에 예조(禮曹)에서 환영을 나왔다.

우리 일행의 숙소로는 동평관(東平館)*이 정해졌다.

---

* 임진왜란 후에는 중구 인현동 2가에 있었던 동평관은 폐쇄되었으므로 이 당시의

　동평관 넓은 방에는 벽에 새, 초목이 그려져 있었고 여기저기에 금박
(金泊)이 되어 있어서 너무나 아름다웠다. 우리들은 양쪽에 호랑이 가죽
이 덮인 의자에 앉게 되었는데 곧 빨간 천을 깐 상이 들어왔다. 이 상 위
에는 조화(造花)로 장식된 생선·조개류·닭고기·쇠고기·양고기가 놓
여있고, 그릇은 대부분 놋쇠그릇과 오지그릇이었다. 두번째 들어온 상에
는 과자, 그리고 조청이 든 여러가지 구운 음식이 놓여 있었다.
　25명의 일행이 식사를 할 때 60, 70명 정도의 예조 직원들이 도와주고
있었다. 즉 손님 한사람에 3명의 하인이 시중을 들면서 손님의 손에 닿
지 않는 음식이 있으면 이를 집어 주었다.
　하인들이 상을 내어 가고 다시 상보를 씌운 상 두개를 들고 왔다. 한
쪽 상에는 5가지의 국과 또 다른 상에는 6가지~10가지의 요리가 놓여
있었다. 국은 매우 맛이 있었고 진귀한 음식인 것같아 차례로 모두 맛을
보았다.
　두번째 상의 고기와 생선은 전에 나온 것과는 전혀 다른 종류였다. 이
들 요리에는 투명하거나 불투명한 두가지 종류의 술이 놓여있었는데 술
맛이 매우 좋았다.
　상을 물리자 다음에는 차(茶)가 나왔다. 이와 같은 호화로운 식사는 그
후 다시 먹을 수 없었으나 그대신 매일 두번씩 언제나 다른 요리를 대접
받았다. 저녁 때가 되자 우리에게 의복과 도롱이, 무명 3단, 허리띠, 베개,
종이 5첩, 붓 5자루, 먹 5개씩이 주어졌다. 우리 일행은 청나라 호위군사
와 떨어져 여관으로 옮기게 되었다.
　여관에서는 성대한 대접을 해 주었으므로 여관 주인에게
　"우리들 때문에 너무 수고를 하거나 비용을 많이 쓰면 마음이 편치 못
합니다."

동평관은 안국동의 우정총국 자리에 있었던 전의감 건물을 사용한 것으로 보인다.

300년전에 외국인이 묵었다는 동평관은 지금의 우정총국자리라고 생각된다.

고 말하자, 주인은

"그렇지 않습니다. 제가 해드리는 것은 장사이므로 당연한 일입니다. 또 손님 한사람의 식사비로 쌀 5가마와 접대비로 3가마를 더 받았으니 충분합니다."

라고 대답하였다.

다음날 간충(看忠)이란 관리가 와서 우리들을 접대하게 되었다.

간충은 표류한 일본인 15명과 북경에서 온 호위병 10명에게 서울의 명소를 안내해 주었다. 먼저 보게된 것은 정부의 건물·공문소(公間所)였는데, 이 건물에 줄지어 고관들의 집이 거의 눈이 닿지 않는 곳까지 계속되어 있었다.

대부분의 집이 담장과 문이 이중이었다. 반대쪽에는 3개의 문과 1개의 빨간 종각이 있는 종묘(宗廟)가 여러 개의 불탑·불전(佛殿)과 나란히 늘어서 있었다.

맞은편 오른쪽에는 한림학원(翰林學院)의 학자들이 살며, 대학과 소학 그리고 대학기숙사·소학기숙사가 있었다.

그 다음에 우리들은 높은 성벽으로 견고하게 둘러싸인 궁궐의 문 앞에 왔다. 이 문은 서대문이라고 하며 남대문과 동대문 사이에는 쇠로 격자를 짠 폭 5척의 수문(水門)이 있고 이를 통해 성안의 연못에 물을 대고 있었다.

성안으로 들어가자 성벽의 모든 모퉁이가 요새로 되어있고, 성벽의 총안(銃眼)을 따라서 높은 발판이 둘러쳐져 있는 것이 보였다.

이번에는 승문원(承文院)이란 간판이 걸린 큰 건물이 눈에 띄었다. 이곳은 왕이나 신하들이 이용하는 문서를 보관하는 문고(文庫)로서 여기에는 조선의 사서(史書)와 많은 한문서적이 수집되어 있으며, 이곳을 찾는 관리가 상당히 많다고 한다.

우리는 국가의 중대사를 의논하는 비변사(備邊司) 건물로 향했다. 전시(戰時)에는 이곳에 고관들이 모여서 정책을 논하고 대책을 세워 명령을 내린다는 것이다.

그 바로 옆에는 재판을 하는 정원(政院)으로서 이곳에서는 지위와 명성에 관계없이 법을 집행한다고 안내인이 말했다.

왕궁의 동쪽으로 따라가자 태자궁(太子宮)이라는 간판이 걸려있는 인정전이 보였다.

그리고 남별궁(南別宮)을 따라 남쪽으로 갔을때 이미 해가 저물었으므로 왼편에 있는 경복궁을 구경한 뒤에 대문을 빠져나와 시장 광장으로 돌아왔다.

그런데 서대문에서부터 눈에 띄는 것은 길가에 있는 집 앞에는 마치 일본과 같이 정월이 가까이옴을 알리는 소나무가 장식되어 있었다.

정월 초하루가 되어 우리는 일본에 있는 가족과 친지들에게 줄 선물을 사기 위해 문을 나서자 화려한 행렬을 만났다.

제일 높은 관리들은 관을 쓰고 복장은 비단으로 가슴에 금으로 무늬를 수 놓았으며, 보석이 박힌 띠를 두르고, 띠의 남은 부분은 길게 늘어뜨렸다. 그들은 나인이 많이 딸린 가마를 타고 있었으며 머리에는 일산(日傘)을 쓰고, 무늬가 그려진 깃발을 앞에 세우고 갔다.

이 행렬을 수행하는 그 밑의 관리들은 비단옷과 모피로 된 모자를 쓰고 있었다. 이들은 말을 타고 그들 한명 한명 앞에도 무늬를 넣은 깃발이 그려져 있었고, 복장은 그렇게 화려하지 않았다.

다음날 간충이 다시 왔다. 우리는 그에게 어제 구경한 훌륭한 행렬 이야기를 하니, 이것이 선정(善政)의 표시라고 했다. 그리고 간충은

"우리나라의 국왕은 유교를 사랑하며 정의가 언제나 행해지도록 보살피고 있다. 또 국민도 이 원리에 따라 되도록 교육에 마음을 쓰고 있다. 학문과 예술에 뛰어난 사람은 농민, 관리 혹은 상인의 자식일지라도 그 전문분야에 등용시킨다. 그러나 그는 이에 앞서 학원에서 시험을 치지 않으면 안된다."
고 설명하였다.

간충은 이어서 조선의 제도를 소개하기를

"이 나라의 중들은 국내를 떠돌아다니면서 그들의 이야기로 우리들을 싫증나게 하여 그들이 사는 절과 마찬가지로 거의 존경받지 못하고 있다. 그래서 중들은 불사(佛事)에 종사해도 필요한 생활비를 낼 수가 없으므로 품팔이 고용살이를 할 수 밖에 없다. 그들이 공공의 건설현장에서 막노동을 하거나, 농가에 고용되어 밭을 갈고, 풀을 베거나 벼를 베는 모습을 보는 것은 드문 일이 아니다."
라고 말했다. 다음날 아침, 우리들은 좌의정이 베푸는 마술 연기(馬術 演技)를 구경하러 갔다. 이 행사는 축제의 하나로 한 마리의 말이 처음에는 천천히 그리고 나서 점점 빨리 원을 그리고 달리는 것으로 일본의 정월

의 경마, 소위 말타기와 다름없는 연기로 끝났다.

이 축제가 끝난 후 여관으로 돌아온 우리는 간충에게 오늘 본 것처럼 말의 코에 구멍을 뚫는 것이 이곳의 습관인가를 물었다.

"어떤 말이라도, 예를 들어 왕의 말이라도 코에 구멍을 뚫지요."

간충은 원래 진짜 마술(馬術)은 재미있는 구경이라고 하였다. 특히 마술과 궁술(弓術)은 함께 하는 경우에는 기수가 말 위에서 8방에 활을 쏘면 활의 흔적을 쫓아서 구경꾼들이 그 화살을 줍는다는 것이다.

우리는 전부터 조선 인삼에 대하여 궁금하였으므로 간충에게 인삼을 찾는 방법과 캐는 방법을 물었다.

"그것은."

하고 그가 말하였다.

"캐낼 때 뿌리에 상처를 주지 않기 위해서 나무로 만든 호미를 사용한다. 캐는 곳은 조선과 중국의 국경인 백산(白山)의 깊은 곳 두 곳 밖에 없다. 거기에는 호랑이, 여우 등의 맹수가 많아 혼자서나 둘이 가는 것은 무척 위험한 일이다.

그래서 인삼을 캐기 전에 호랑이 사냥을 먼저 한다. 이리하여 많은 사람이 활이나 창을 가지고 나간다. 그리고 함정을 파서 여기에 빠진 호랑이를 활로 쏘고 창으로 죽인다. 또 갑자기 습격 당해도 괜찮도록 큰 나뭇가지 위에 밧줄사다리를 걸어 놓고 그 위에서 사수(射手)가 망을 보도록 한다. 그리고 많은 수목 사이에 강한 나뭇가지를 얽어매어 놓는다. 만약 갑자기 호랑이가 나타나면 전원이 그 곳으로 피할 수 있게 해놓는다.

호랑이는 현재 상당히 줄어들었지만 그래도 아직 인삼캐러 간 사람이 호랑이의 밥이 되었다는 이야기는 매년 듣는다."

우리들은 서울에서 부산까지의 거리를 물은 결과 20일 정도 걸린다는 것을 알아내었다.

부산으로 가는 길은 세가지 방법이 있다. 첫번째 방법은 서울에서 동쪽으로 가서 용진(龍津)을 건너 양근(楊根)을 경유하여 여주(驪州)로 간다. 이 길은 거리는 비록 짧지만 큰 강을 몇개씩 건너지 않으면 아니된다.

또 하나는 한강에서 남쪽으로 용인(龍仁)과 죽산(竹山)을 거쳐 충주(忠州)로 간다.

그리고 충청도 영동(永同)을 경유하는 세번째 길도 마찬가지로 충주로 간다.

이와같이 남쪽으로 돌아가는 길이 거리는 길지만 큰 강에 방해받지 않으므로 제일 많이 이용되고 있다.

우리들은 서울에 머무는 동안 마지막 며칠간을 아주 재미있게 지냈다. 떠나는 마지막 밤에는 술자리가 계속되었다.

한양 건설(漢陽建設)

종묘·사직과 경복궁·서울성곽을 쌓고…

태조는 한양에 천도하기 한달 전부터 궁궐·종묘·사직 등을 지을 자리를 정하고 도로건설 등 도시계획을 세우고 공작국(工作局)이란 기구를 설치했지만 건설공사는 서두르지 않았다.

이에 도평의사사(都評議使司)에서

"전하, 종묘는 조상을 받들고 효도를 숭상하는 곳이며, 궁궐은 존엄을 모시고 정령(政令)을 반포하는 곳이요, 성곽은 안팎을 엄하게 하고 국가를 견고하게 하는 시설입니다."

"……"

"그런데 전하께서 백성들의 노고를 생각해서 이들 시설을 건설하지 않는 것은 도읍을 중시하지 않는 것이나 근본을 중시하지 않는 것이라 생각됩니다."

"으음……"

"그러므로 전하께서 빨리 종묘·궁궐·성곽을 축조하여 조상에 대한 효경(孝敬)을 널리 알리고 백성들에게 존엄을 보이며 국가의 위세를 영원히 견고하게 해야 합니다."

라고 건의하였다.

이 건의를 들은 태조 이성계는 고개를 끄덕이고 나서

"내 어찌 도읍의 건설을 소홀하게 생각했으리오. 이제 종묘와 사직·궁궐을 지을 것이니 지신(地神)에 제사를 지내도록 하오. 그러나 이 공사에는 백성들을 동원하지 말고 승려들을 동원해서 시행하도록 하라."
고 명하였다.

이 같은 태조의 명에 따라 궁궐과 종묘·사직을 짓는 기공식은 했지만, 건축자재가 미처 준비되지 않아 태조 3년(1394) 음력 12월 3일부터 승려들만 동원했다. 그러나 인력이 부족하여 결국 각 지방의 장정들은 이듬해 1월부터 2월까지 동원했다가 농사철이 다가오자 장정들은 일단 귀향시켰다.

하지만 승려들만으로는 궁궐을 완공하기가 어려웠으므로 이 해 8월에 경기도와 충청도에서 1만 5천명의 장정을 다시 동원해 공사를 마무리 지워서 새 궁궐은 9월 25일에 준공되고, 종묘와 사직도 거의 완공을 앞두게 되었다.

태조 4년(1395) 10월 5일.

새 궁궐과 종묘·사직단이 완공되자 태조 이성계는 만면에 웃음을 띤 채 백관들을 거느리고 종묘로 향하였다.

"오늘 상감마마께서 새로 지어진 궁궐을 돌아 보시는 날이래."

"그래서 새로 지은 종묘에 나가 제사를 드리기 위해 행차가 있다지 않은가."

"그 뿐 아니라 새 궁궐의 준공을 축하하기 위해 죄인을 풀어주는 특사령을 반포하고, 문무백관들은 새 궁궐에 초청하여 큰 연회를 연다는 군."

태조 이성계는 새 궁궐에서 베푼 연회석상에서 궁궐 공사에 공이 큰

태조는 한양에 천도하여 우선 궁궐 ▶▶ 종묘를 건설하였다. ▶

186

신하들에게 상을 내리고, 특히 도시계획을 담당했던 정도전(鄭道傳)에게 는 금으로 장식한 각대(角帶) 하나를 하사하였다.

이로부터 이틀 후에 이성계는 정도전을 들게하고

"이제 새 궁궐이 지어졌으니 경은 궁궐이름을 지어 보시오."

하고 명하였다.

이에 정도전은 새 궁궐 이름을 짓기 위해 이책 저책을 뒤적였다. 이윽 고 정도전은 시경(詩經) 귀절에서 큰 복을 누린다는 뜻의 경복(景福)이란 말을 찾아냈다.

정도전은 입궐하여 이성계를 배알하고

"새 궁궐이름은 '경복'이라고 짓는 것이 가할까 합니다."

"'경복'이라…… 그게 좋겠군."

이리하여 새 궁궐 이름은 경복궁으로 정해지게 되었다. 그런데 태조 이성계는 경복궁이 완공된지 두 달후인 12월에야 거처를 옮겼다.

경복궁은 완공되었지만 궁궐을 에워싸는 궁성(宮城)을 쌓지 못한 채 태조 이성계는 새 궁궐에 들게 되었다.

이 궁성 공사는 경복궁을 지은지 2년 후인 태조 6년(1397)부터 이듬해 에 걸쳐 군사 3천 7백명을 동원하여 겨우 완공하였다.

경복궁을 둘러싼 궁성에는 동서남북 네곳에 문을 냈다. 태조 이성계는 정도전을 다시 들게하여

"경은 새 궁궐의 이름과 전각(殿閣)의 이름을 지었으니 궁성의 4문 이 름도 지어보시오."

"황공하옵니다. 우선 궁성의 남쪽 정문(正門)을 광화문(光化門)으로 하 고, 동쪽 문은 건춘문(建春門), 서쪽문은 영추문(迎秋門), 북쪽문은 신무문 (神武門)으로 정하면 어떻겠습니까?"

　"매우 좋은 이름이오. 그런데 앞으로 광화문 누각 위에 큰 종과 북을 달아서 서울 시민들에게 아침과 저녁 시각을 알리도록 하시오."

　한편 서울의 도시계획에 따라 광화문 앞의 세종로 양쪽에는 도평의사사(의정부)를 위시하여 6조(이·호·예·병·형·공조) 및 삼군부, 사헌부 등 중앙부처의 관아 건물들을 지었다.

　경복궁과 거의 같은 시기에 짓기 시작하여 같은 시기에 완공된 종묘(宗廟)는 이성계 조상의 신위(神位)를 모시는 곳이다. 당시 유교를 숭상하는 조선사회에서는 종묘가 가장 신성한 곳이었다.

　"종묘는 국가의 중대사가 있으면 먼저 상감마마께서 곤룡포와 면류관을 단정히 갖추고 엄숙하게 신위 앞에 고한 다음 의정부에서 논의를 하여 결정한다지."

　"그래서 흔히 국가가 혼란에 빠지면 종묘 사직이 위태롭다고 하고, 주권을 빼앗기면 종묘 사직을 잃게 되었다고 하지 않는가."

　종묘가 이처럼 중요한 곳이므로 태조 이성계는 한양에 천도한지 4일 후에 도평의사사 및 서운관 관원을 거느리고 종묘를 지을 자리를 돌아보았다. 그리고 이어서 11월 초순에는 친히 용산에 거둥하여 종묘를 짓기 위해 강변에 부려놓은 재목을 살펴보기도 하였다. 목재 등 건축자재가 마련되자 태조 이성계는 이 해 12월 3일 정도전 등에게

　"산천신(山川神)에게 조선의 종묘를 짓겠다는 제사를 올리시오."
라고 하명하고 그 이튿날 기공식을 올렸다.

　태조는 기공식에 참석하고 이어서 공사가 진행되는 10개월 동안 수시로 공사 현장에 나가 이 공사를 담당하는 관원과 일꾼들을 격려하였다.

　경복궁을 짓는 것과 같이 종묘를 지을 때도 처음에는 백성들을 괴롭히지 않으려고 승려들을 동원했으나 인력이 부족하므로 장정들을 동원하였다.

종묘를 현재와 같이 종로 3가에 짓게 된 연유는 옛부터 대궐 동쪽에 종묘, 서쪽에 사직단을 쌓는다는 묘동사서(廟東社西)의 원칙을 따랐기 때문이다.

태조 4년(1395) 9월에 종묘가 완공되자 이성계는

"이제 종묘가 완공되었으니 개경에 있는 종묘의 신위(神位)를 그대로 둘 수가 없소. 각 관서의 관원 한명씩을 뽑아 개경으로 보내어 4대조(四代祖)의 신위를 모셔오게 하라."

고 명하였다.

드디어 개경에 모셔져 있던 태조의 4대조 신위가 한양에 도착되던 날 조정의 모든 관리들은 관복을 단정히 차려 입고 서대문 밖 반송방(현재 천연동 부근)까지 나아가 맞이하였다.

권근(權近) 등이 모신 신위가 북소리·소라소리가 울리는 가운데 서울로 들어오니 그 모습이 장엄하였다.

태조 이성계의 4대조 신위가 종묘에 봉안되자 이해 10월 5일에 태조는 세자와 백관을 거느리고 종묘에 도착하였다.

태조는 종묘 동문 밖에서 4배(拜)를 하고 면류관과 곤룡포로 갈아입은 뒤 정전에 나아가 제사를 지냈다.

제사를 마치고 나서 태조는 수레를 타고 큰 길로 나왔다. 이때 성균관 박사가 학생들을 인솔하고 나와 조선을 세운 일과 한양으로 도읍을 옮긴 일, 종묘를 이전한 것을 경축하는 노래를 지어 읊었다.

이윽고 태조의 어가(御駕)가 운종가(雲鍾街:종로 네거리)에 이르렀을 때 장악원(掌樂院)소속의 여자 악사(기생)들이 노래를 부르고 재주를 피워 흥을 돋구었다.

태조는 이를 보기 위해 어가를 도중에 세번이나 멈추게 하였다.

종묘와 함께 국가의 상징이 되는 것은 사직단(社稷壇)이다. 그래서 한양에 천도하자 경복궁·종묘와 함께 사직단을 쌓기 시작하였다.

조선왕조의 주요 산업은 농업이므로 토지신(神)과 오곡신(神)을 모셔 놓고 제사를 지내는 것이 중요하였다.

사직단은 경복궁과 종묘보다 50여일 뒤인 1395년 1월 29일부터 공사를 시작하여 경복궁·종묘와 함께 거의 같은 시기에 완공되었다.

태조는 종묘와 같이 사직단을 쌓을 자리를 잡았고, 공사가 시작한지 한달이 되는 2월에 친히 공사 진척 상황을 살피러 나가자 공사 책임자는

"동쪽에는 국사신(國社神)과 후토신(后土神)의 신위를 모시는 단을 쌓고, 서쪽에는 국직신(國稷神)과 후직신(后稷神)을 모시도록 두개로 쌓고 있는데 주위는 토담으로 둘러 쌓도록 했습니다."

하고 보고하였다.

사직단은 경복궁과 종묘처럼 대대적인 공사가 아니었으므로 이 단을 쌓기 위해 장정들을 따로 동원하지는 않은 것 같다. 이 당시 경복궁을 지을 때 동원된 장정들을 사직단 공사에 투입했던 것으로 생각된다.

한편 경복궁과 종묘·사직이 거의 완공되어가자 태조는 개국공신 정도전을 다시 불러 서울의 울타리 격인 도성(都城)을 쌓을 책임을 맡긴 것은 잘 알려진 일이다.

그런데 도성을 쌓은 일에 대하여는 왕사인 무학대사가 정해주었다는 설과 서울에 내린 첫눈 녹은 자리를 따라서 '설울'이라고 부르게 되었다는 설이 있다. 그때 태조는 몸소 인왕산에 올라 성곽 쌓을 터를 살펴보기도 하였다.

이리하여 도성을 쌓을 자리는 북악산·인왕산·남산·낙산 즉 이른바 내사산(內四山) 능선을 잇는 것으로 정해졌다.

성곽을 쌓기 직전에 태조는 정도전을 들게 하였다.

"경도 잘 알겠지만 도성을 쌓는 일은 매우 중대한 만큼 치밀하게 계획

을 세워야 할 것이오."

"분부대로 거행하겠습니다"

태조 5년(1396) 1월 9일. 서울 성곽을 쌓는 날이 되었다.

이날까지 경상도·전라도·강원도 그리고 함경도·평안도 일부에서 동원된 12만명의 장정들이 서울에 도착해 있었다.

이 날 조정에서는 북악산의 백악신(白岳神)과 오방신(五方神)에게 성을 쌓는 제사를 지내고 공사를 시작했다.

이리하여 1차 성곽공사는 시작되었다. 외적과 싸우는 것 못지 않게 추위와 싸우며 3분의 1은 석성(石城), 3분의 2는 토성(土城)으로 쌓았다.

"성을 쌓을 자리가 높고 험한 곳은 돌로 쌓고, 낮고 평탄한 곳은 흙으로 쌓도록 하시오."

공사 책임을 맡은 정도전(鄭道傳)은 공사현장을 살피고 다니면서 지시하였다.

잠자리와 의료시설이 변변치 못한 관계로 장정들은 동상(凍傷)에 걸리거나 부상자가 늘어났다. 게다가 전염병까지 돌아 목숨을 잃는 사람이 계속 생겼다.

태조 이성계는 이러한 내용을 보고 받고는 크게 걱정하였다.

"앞으로 남은 기간동안 야간 작업과 눈이 오는 날, 찬바람이 세차게 부는 날은 공사를 중지시키고 사망자 가족들을 따뜻하게 보살펴 주도록 하라."
고 엄하게 명하였다.

그 당시 동대문 부근은 지세가 낮고 웅덩이가 져 물이 고이는 관계로 축성하는데 큰 애를 먹었다. 그리하여 이 부근은 약속된 공사기간이 다 되어도 성을 쌓지 못하고 있었다.

이 지역을 담당한 곳은 경상도 안동(安東)과 성산부(星山府) 장정들이

었다. 이에 경상도 관찰사 심효생(沈孝生)은 태조 이성계에게

　"전하, 동대문 부근을 맡은 안동과 성산 두 고을의 장정은 10일간 더 남겨서 성곽이 완성된 뒤에 귀향시키는 것이 어떻겠습니까?"

라고 건의하자 한성판윤 정희계(鄭熙啓)가 나서서

　"신의 생각으로는 돌려 보내는 것이 옳을까 합니다. 전일에 장정들에게 기일이 되면 농사에 차질이 없도록 돌려보내겠다고 이미 약속하여 모두 기뻐하였는데 유독 안동·성산 두 고을 사람들만 보내지 않는다면 그곳 사람들의 원망이 클 것입니다."

　"공사를 정한 기일에 끝내지 못한 것은 땅이 낮고 웅덩이가 진 까닭이지 장정들이 게을러서 그런 것이 아니라고 봅니다. 또한 조정에서 이미 약속하였으니 백성을 속일 수 없습니다."

라고 말하였다. 이에 태조는

　"공사가 아직 끝나지 않았더라도 모든 장정들을 돌려보내도록 하라."

고 명하였다.

　도성을 쌓은 그해 7월 여름에는 많은 비가 내렸다. 그러자 흙으로 쌓은 성곽 부분과 수구(水口)의 이곳저곳이 무너져 내렸다. 이에 태조는 8월에 대신들의 반대를 무릅쓰고 경상도, 전라도, 강원도의 장정 약 8만명을 49일간 동원하여 제2차로 성곽을 쌓게 하였다.

한양 재천도(漢陽再遷都)

개경·무악·한양 중에서 서울을 결정한 태종

한양은 천도한 지 3년이 거의 되어서야 도시계획에 따라 궁궐·종묘·사직·도성과 성문을 건축했다. 그리고 이 성문을 연결하는 도로를 내고 관아가 들어서면서 수도의 모습을 갖추어 갔다.

태조 5년(1396) 1월부터 태조 7년 2월까지 2년이나 걸려 도성(都城)을 쌓고 4대문을 완성한 것은 큰 공사였음은 말할 나위가 없다. 그런데 45리(里)의 이 도성은 방어시설일 뿐이지 서울의 행정구역은 아니였다.

조선시대 5백년간 한성부의 행정구역은 도성 안은 물론이거니와 도성 밖의 사방 10리까지였다. 즉 한성부의 행정구역은 현재 서울시의 한강 이북의 대부분 지역이었다.

태조 5년(1398) 4월에 왕은 한성부에 대하여

"한성부를 동·서·남·북·중부의 5부(部)로 나누고 그 아래에 52방(坊)을 설치한 뒤, 각 방에는 이름을 적은 표지판을 세우도록 하라."

고 명하였다.

이 당시 방(坊)의 이름은 개국공신 정도전이 지었다고 전하는데 이 때 정한 안국방, 가회방, 적선방, 서린방 등의 이름은 오늘날까지 동명으로 쓰이고 있다.

한편 종묘·사직·궁궐·도성을 완공하고, 지금 세종로 양쪽의 중앙 관서를 지어 새 도읍지로서의 면모가 잡혀가던 태조 7년(1398) 8월 26일, 이른바 '제1차 왕자의 난'이 일어났다. 일명 '무인(戊寅)의 난'이라고 불리어지는 이 난은 그 중심 인물이 왕자들이었으므로 '왕자의 난'이라고 칭하기도 한다.

이 난은 세자 책봉에서부터 그 원인을 찾을 수 있다.

태조 이성계에게는 두 왕비가 있었다. 첫번째 부인은 신의왕후 한씨(韓氏)로 6남 2녀를 두었고, 두번째 부인인 신덕왕후 강씨(康氏)에게서는 2남 1녀가 있었다.

신의왕후는 태조가 왕위에 오르기 전에 세상을 떠났으므로 신덕왕후가 왕비에 올랐다. 신덕왕후는 미모가 뛰어나고 총명한 자질을 지녔던 까닭에 내조를 잘하여 태조의 총애를 받았다.

이윽고 태조의 뒤를 이을 세자(世子) 책봉을 눈 앞에 두게 되었다.

태조 원년 8월 무더위가 기승을 부리던 어느날,

"오늘 상감께서 세자 책봉을 온 나라에 널리 알린다면서?"

"글쎄 어느 왕자가 세자에 책봉되려누."

"그야 지금 중전마마이신 신덕왕후의 소생이 세자에 책봉된다는 소문이 자자하더군. 더구나 개국공신인 정도전·조준·배극렴이 신덕왕후의 차남인 방석(芳碩)을 세자로 추대한다지 않아."

예상대로 태조는 신의왕후의 소생을 젖혀놓고, 총애하는 신덕왕후의 소생인 나이 어린 방석을 세자로 책봉하였다.

이에 신의왕후의 소생의 형제들은 불만이 없을 수 없었다.

그 중에서도 신의왕후의 5남인 정안대군 이방원(李芳遠)은 크게 불만을 나타내었다. 이방원은 문무를 겸비한 인물로 이성계가 조선왕조를 세우는데 오른팔 역할을 했고, 야심이 대단하였다.

그러나 부왕의 의사가 확고하고 계모인 신덕왕후가 생존해 있는데다

한양·개경과 함께 천도 대상지로 대두되었던 무악.

가 개국공신인 정도전을 비롯하여 남은과 세자의 장인 심효생(沈孝生) 등의 중신들이 세자를 옹호하고 있으니 어찌할 수가 없었다.

신의왕후 한씨의 소생들은 불만을 품은 채 때를 기다리면서 나날을 보냈다.

그러던 차에 태조 4년 (1395), 경복궁이 거의 완성되던 8월에 신덕왕후 강씨가 숨을 거두었다.

이로부터 3년 후인 태조 7년(1398) 7월, 태조 이성계의 병환이 위독해지면서 궁궐 내외는 긴장감이 나돌았다.

"상감께서 병환이 위중하여 세자 이외는 입견(入見)하지 못하게 했다는 구만."

이 당시 세자 이외는 태조를 입견(入見)할 수 없게 한 조치는 다른 왕자들이 왕을 살해할 계획이 있다는 소문을 우려한 것이다.

197

그런가 하면

"정도전, 남은, 심효생 등이 자주 송현(松峴)에 있는 남은의 소실 집에 모여 비밀리에 모의를 꾸미고 있다."

라는 말도 나돌았다.

이에 호시탐탐 기회를 엿보고 지내던 이방원(李芳遠)에게 의완군 화(和)와 충청도 관찰사 하륜(河崙) 등이 찾아와서

"정안대군, 아무래도 위험이 시시각각 다가오고 있으니 조심해야 합니다."

라고 은밀히 고하자, 크게 긴장하였다.

그러자 이방원은 이숙번, 처남인 민무구과 민무질 형제등과 긴밀한 연락을 취하면서 세자를 둘러싸고 있는 정도전·남은·심효생 등을 제거하기로 결정하고 거사하기로 하였다.

이해 8월 26일,

정안대군 이방원은 그의 노복(奴僕)들과 하인들로 편성한 사병(私兵)과 이숙번이 거느린 정릉교안군(貞陵校安軍) 등을 지휘하여 경복궁을 포위하였다.

"정도전과 남은 그리고 그 일파를 급습해서 모두 처단하라."

고 명한 다음, 왕에게 상소문을 바치게 하였다.

병석에 누워있던 태조 이성계의 귀에도 비명과 납함(納喊) 소리가 들리지 않을 리가 없었다. 태조는 좌우에게,

"왜 이리 밖이 소란한지 알아 오너라."

하니, 밖에 나갔던 측근이 돌아와서,

"정안대군(靖安大君)께서 역모(逆謀)를 꾀하는 무리들을 주살하고 궁궐을 호위하기 위해 궁성 남문 밖에 군사를 주둔하고 있습니다."

"누가 감히 역모를 꾸몄는가?"

"여기 정안대군의 상소문이 있으므로 그 전말을 아실 수가 있을 줄로

믿습니다."

이방원은 광화문 밖에 장막을 치고 앉아 도평의사사(都評議使司)로 하여금 상소를 올리게 하였다. 이방원은 상소문에 거사(擧事) 이유에 대해,

예로부터 적장자(嫡長子)를 세자로 삼는 것은 만세(萬世)의 큰 법입니다. 전하께서는 장자(長子)를 젖혀 놓고 어린 세자를 세웠으므로 정도전 무리들이 세자를 끼고 여러 왕자를 살해하려는 화(禍)를 예측할 수 없었습니다. 다행히 하늘의 도움으로 이들 난신(亂臣)들이 주살되었으니 원컨대 전하께서는 적장자인 영안대군(永安大君)을 세워 세자를 삼으소서.

라고 주장하였다. 이에 태조는,

"적장자인 영안대군을 세자로 세우자는 상소 내용이 어찌 불가함이 있겠느냐."

도평의사사의 상소문을 읽은 이성계는 마지못해 승인한 뒤에 곁에 있는 세자 방석을 돌아보고

"네게는 편하게 되었다."

고 말하였다.

이방원은 여러 사람들이 자기를 세자로 추대하는 것을 극구 사양하고 계획대로 정치적 야심이 없는 둘째형 방과(芳果)를 세자로 삼게하여 백성들의 비난을 피하였다.

그리고 이복동생인 세자 방석(芳碩)과 방번(芳蕃)을 귀양 보내도록 한 뒤 중도에서 살해하도록 하였다. 태조 이성계의 측근인 사위 이제(李濟)도 죽이고 나머지 무리들은 귀양 보내도록 하였다.

한편 영안대군 방과는 소격전(昭格殿)에서 태조의 병이 낫기를 기원하고 있다가 변란이 일어났다는 소식을 듣고 시종 한 명을 데리고 도성을

넘어 양주(楊州)로 피신하였다. 그러나 은신처를 찾아온 이방원은

"형님이 세자를 해야 합니다."

라고 말하였다.

그러자 영안대군은 극구 사양하다가

"그렇다면 내가 처리하는 방법이 있을 것이다"

하고 응낙한 뒤 서울로 올라가서 세자가 되었다.

골육상쟁(骨肉相爭)인 왕자의 난으로 큰 충격을 받은 태조 이성계는 왕위를 내놓을 결심을 하였다. 태조 이성계는 2년 전에 신덕왕후를 잃은 데다가 아끼던 두 아들과 사위마저 살해 당한 충격에 침통하여

"병이 더하여 토하려 하면서도 토하지 못하고, 물건이 인후(咽喉) 사이에 있는 것 같은데 내려가지 않는다."

고 당시의 고통을 토로하였다.

왕자의 난이 일어난지 열흘 뒤인 9월 5일.

태조는 도승지 이문화(李文和)를 불러

"오랫동안 내가 병으로 정사를 보지 못했으니 하루인들 1만 가지 일을 폐지할 수 있겠느냐. 내가 세자에게 전위(傳位)하고 편한 마음으로 병을 치료하려 한다."

고 하면서 전위하는 교서(敎書)를 지어오게 하였다.

교서를 써오자 태조는 만조백관이 모인 앞에서 천천히 읽어 내려갔다.

"과인이 덕이 없는 몸으로 조종(祖宗)의 음덕을 이어 받고 천자(天子)의 신령함을 받들어 국가를 창건하고 백성을 다스린지 7년이 지났다. 오랫동안 군진(軍陣) 중에서 풍상을 겪었고, 지금은 늙고 병이 들어 아침 일찍 일어나 밤 늦게까지 일을 보기가 어려우니 많은 일들이 잘못될까 심히 염려된다."

여기까지 읽고 나서 태조는 이어서

"세자는 적장자(嫡長子)로서 일찍부터 어질고 효도하는 사람으로 널리 알려져 있고, 나라를 세우는데도 공이 많았음을 온 나라의 사람들이 다 잘 알고 있다. 이리하여 오늘 종묘(宗廟)에 고하고 세자를 왕으로 명하니 모든 것을 법전(法典)에 의하여 처리하되 군자(君子)를 친히 하고, 소인을 멀리하여 보고 듣는 것이 한쪽에 치우침이 없게 할 것이며, 옳고 그른 것을 국민의 공론(公論)으로 정하여 조금이라도 잘못 됨이 없게 하고 부지런하여 그 지위를 편안히 하며 후사를 번창하게 하라."

고 말하였다.

교서를 다 읽고 나자 태조는 좌의정과 우의정을 가까이 불러

"경들에게 이르노니 내 이제 세자에게 전위하기로 발표한 만큼 앞으로 세자를 잘 보필하도록 하오."

라고 부탁한 뒤 옥새(玉璽)를 내어 주었다.

태조 이성계는 옥새를 내어주고 나자 마음이 개운하였지만 문득 지난날의 일들이 주마등(走馬燈)처럼 떠 올랐다.

태조 이성계가 강씨와 만나게 된 사연에는 다음과 같은 이야기가 남아 있다.

황해도 곡산군(谷山郡) 신류산(神留山) 아래쪽에 용연(龍淵)이란 연못이 있다. 강씨는 고려 말기 어수선한 사회 속에서 이 곳에 사는 강윤성(康允成)의 딸로 태어났다. 점점 자랄수록 용모와 자질이 뛰어났다.

찌는 듯한 삼복 더위 어느날, 강씨 처녀는 용연에서 빨래를 하고 있었다. 마침 이 곳으로 사냥을 나온 이성계가 물을 찾으러 헤매다가 이 연못을 발견하고는 황급히 말에서 내려 물을 마시려 하였다.

이를 본 강씨 처녀는,

"잠깐, 소녀가 마실 물을 떠 드리지요."

하고는 바가지에 물을 떠서 옆의 버드나무 잎을 훑어 물 위에 띄웠다.

"물을 드시지요."

갈증이 심해 물을 급히 마시려던 이성계는 물 위에 뜬 버들잎 때문에 바가지의 물을 한 번에 마실 수가 없었다.

"낭자는 무슨 연유로 마실 물에 버들잎을 띄웠는가?"

"에. 뵙자니 갈증이 몹시 심하신 것 같은데 만약 찬물을 급히 마시면 병이 나기 쉽습니다. 아무리 갈증이 심하시더라도 버들잎을 훅훅 부시면서 천천히 드십시오."

하고 강씨 처녀는 공손히 말하였다. 이에 이성계는 의혹을 풀고 영특한 강씨 처녀에 마음이 끌려 그녀를 아내로 맞이하게 되었다고 한다.

태조 이성계는 그토록 총애하던 강씨 부인을 잃고, 그의 능을 덕수궁 뒷쪽에 정릉(貞陵)을 만들었으므로 이 일대를 정동(貞洞)이라고 하게 되었다.

이성계가 왕위에 오르기 전 아직 젊었을 때 그의 미래를 밝혀준 일화가 있다.

우연히 함경도 안변(安邊)의 석왕사(釋王寺) 자리에 있는 작은 암자를 지나게 되었던 이성계는 마침 날이 저물어 그 암자에 들어가 쉴 곳을 청하고 잠을 자다가 이상한 꿈을 꾸었다.

이성계 자신이 쓰러져 가는 집에서 서까래 3개를 나란히 짊어지고 나왔는데 난데없이 꽃이 떨어지고 거울이 깨지는 것이었다.

꿈을 깨고 난 이성계는 하도 괴이하여 고개를 갸웃거리다가 마침 이 암자에 글씨를 짚으면 글씨로 점을 치고 해몽(解夢)을 잘하는 도승(道僧)이 있다는 이야기를 들었다.

이성계는 지체없이 그 도승을 찾았다. 방 안에 들어가보니 먼저 온 손님이 있었다. 점을 치러온 그 손님은 도승이 글씨를 내놓자 '물을 問(문)'자를 손으로 짚었다. 그러자 도승은 그 손님을 물끄러미 바라보다가

"바른대로 말하리까? 問(문)의 글자모양은 입이 문 앞에 붙었으니 걸인(乞人)의 신수(身數)외다."

하였다. 이 말을 들은 그 손님은 멍하니 앉았다가 탄식하는 말이

"쯔쯔…… 팔자 도망은 못하겠군."

하고 나가 버렸다. 그 손님은 다름아닌 걸인으로서 도승이 신통하다는 이야기를 듣고 잠시 남의 옷을 빌려입고 와서 몰래 점을 쳐 본것인데 도승이 단번에 알아보는 것을 보고 찬탄하여 나간 것이다.

그 광경을 바라보고 있던 이성계는 이상히 여기면서 자신도 점을 쳐 달라고 한 뒤 아까와 같은 '問(문)'자를 짚었다.

그러자 도승은 물끄러미 그의 얼굴을 바라보다가 일어나 합장 배례하면서,

"問(문)자 모양은 왼편으로 보아도 임금 君(군)자요, 오른편으로 보아도 임금 君(군)이니, 장차 군왕이 되실 신분이십니다."

하고 말하는 것이었다. 이에 이성계는 웃으면서

"아까 그 사람이 짚은 문(問)자와 똑같은 글자인데 해석하는 방법이 어찌 그리 다르오?"

하고 따져 묻자 도승은

"아니올시다. 이는 글자에만 달린게 아니라 묻는 사람의 기상에도 달렸습니다."

하고 대답하였다.

그러자 다시 이성계는

"그럼 점(占)은 대사의 마음대로 돌려 댈 수 있는 것이라지만 꿈은 각자의 심령(心靈)으로 꾸는 것이니 대사 마음대로 풀지는 못할 것이오."

"……."

"내 간밤 꿈에 다 쓰러져 가는 집에서 서까래 셋을 짊어져 보았고, 또 꽃이 떨어지고, 거울이 깨지는 것을 보았으니 그 길흉이 어떤지 해몽해 주시오."

하고 부탁하였다. 그 말을 들은 도승은 자세를 바로 하고 나서

"그 꿈은 보통 꿈이 아닙니다. 등에 서까래 세개를 짊어졌으니 임금 왕(王)자가 틀림없고, 꽃이 떨어졌으니 열매가 맺을 것이오, 거울이 깨어졌으니 어찌 소리가 없으리까. 조만간에 임금이 되실 징조이니 이야말로 길몽(吉夢)이옵니다."

하고 해몽하는 것이었다.

일찍부터 큰 포부와 뜻을 가슴 깊이 간직하고 있던 이성계는 이 도승의 말이 십중팔구는 맞는지라 마음속으로 은근히 기뻐하면서도

"그럴리가 있겠소이까?"

하고 부인하자 도승은 다시 일어나 합장 배례하면서

"소승의 법명(法名)은 무학(無學)이라 하옵는데 비록 어리석으나 약간 법술이 있어서 오늘 귀인께서 찾아 오실 줄 알았습니다. 하문(下問)하신 것에 대해서는 속이는 바 없이 사실대로 말씀드렸사오니 조금도 의심마 시옵고 아무쪼록 대업을 성취하신 후에는 이곳에 절 하나를 세우시어 천세(千歲)를 축원하는 원당을 삼게 해주십시오."

하고 간곡하게 말하는 것이 아닌가.

이성계는 무학이 범상한 중이 아님을 깨닫고 정색을 하고 말하기를

"진정 대사의 말처럼 되겠습니까마는 만약 후일에 그렇게만 된다면 원당(願堂) 하나쯤이야 문제 되겠습니까?"

하고 장담하였다.

그 뒤 이성계가 조선을 세웠으니 무학의 점과 해몽은 들어 맞은 셈이다.

이성계는 왕위에 오르자 곧 관원을 안변으로 보내어 무학과 만났던 곳에 큰 절을 짓게 하고 절 이름을 석왕사(釋王寺)라 하였다. 석왕사란 이성계가 임금이 될 꿈을 해석하였다는 뜻에서 지은 이름이다.

태조 이성계가 왕위를 내어놓자 정종(定宗)이 조선의 제2대 왕으로 즉위하였다.

정종이 왕위에 올랐지만 행정과 군사 등 주요관직에 앉은 것은 조영무, 이숙번 등 지난번 왕자의 난에서 공을 세운 사람이거나 이방원과 친근한 이들이 대부분이었다.

따라서 정종은 명목상의 왕이요 실권은 이방원이 갖고 있었다. 게다가 당시 새 도읍지 한성은 왕자의 난으로 인심은 흉흉하였다.

한성(漢城)에 대한 불안감이 높아짐에 따라 사람들은 옛 서울인 개경(開京)에 대한 향수를 불러 일으켰다.

왕위에 오른 정종(定宗) 역시 한성을 그다지 달갑게 생각하지 않았다. 게다가 상왕(上王)인 태조 이성계는 분노와 불평의 안색을 거두지 않고 있어 심기가 불편하였고, 이방원 등의 동생들은 감시의 눈초리를 번뜩이고 있었다. 또한 주위의 신하들도 이방원의 심복들이어서 믿을 수가 없었다.

더구나 거처하고 있는 경복궁에는 밤이 되면 부엉이가 울고, 호랑이가 담을 넘어와 궁녀를 물어가는가 하면 낮에는 지붕 위에 까마귀들이 날아와 "까악 까악" 울어대니 정종은 불길한 예감이 들어 마음이 뒤숭숭했다.

그러자 정종은 즉위한 지 5개월이 지난 1399년 2월에 한성을 떠나기로 했다. 떠나는 명분은 생모인 신의왕후 한씨의 능을 참배가는 것으로 하기로 했다.

정종이 개경으로 일시 떠난다고 하자 신하들은 반대를 했지만 이를 무릅쓰고 강행했다. 이윽고 개경에 도착한 정종은 주위를 살펴보니 감회가

깊은데다가 산천이 아름답고 조용한 것에 마음이 끌렸다.

정종은 좌우의 사람들을 돌아보고

"고려 태조 왕건의 지혜로 이곳에 도읍을 정한 것이 어찌 우연한 일이 겠느냐."

하고 의미심장한 말을 함으로써 개경으로 다시 천도하겠다는 뜻을 나타 내었다.

이윽고 정종이 개경에서 돌아오자 서운관(書雲舘)에서

"한양에 뭇까마귀가 모여 울고, 들까치가 와서 집을 지으며 심상치 않은 일이 자주 나타나니 불길한 징조입니다. 따라서 전하께서는 이곳을 피해 궁궐을 옮기시는 것이 옳은 줄로 생각됩니다."

라고 상소하였다.

이 글을 읽은 정종은 종친(宗親)과 공신들을 궁궐에 들게 한 뒤에 이들에게 서운관에서 올린 것을 보였다. 그리고 흉한 곳을 피해 거처를 옮기는 일에 대한 의견을 물었다.

그러자 모든 사람들이

"피방(避方)하시는 것이 옳은 줄로 아옵니다."

하고 찬성하였다.

이에 정종은

"그렇다면 어느 곳으로 피방하는 것이 좋겠소?"

하고 묻자, 참석한 사람들은

"서울에서 가까운 주현(州縣)에는 관원들과 군사들이 거처할 곳이 없지만 개경에는 궁궐과 신하들의 집이 모두 완전하다고 하니 개경으로 일시 천도하는 것이 가한 줄로 아옵니다."

라고 대답하였다.

그런데 이와같은 피방 의논이 있자 어느새 이 소식을 들은 도성 사람들은 서로 기뻐하며 어쩔줄을 몰랐다.

도성 사람들이 이토록 좋아하는 것은 이번에 개경으로 가는 것이 도읍지를 완전히 옮기는 것은 아니었으나 개경을 다시 도읍지로 삼을 가능성이 있었기 때문이었다.

성미 급한 사람들은 노인과 어린이를 앞세우고 개경을 향해 길을 떠나므로 행렬이 길에 가득 찼다. 이를 알게된 조정에서는 성문을 막아 행렬을 중지시키게 하였다.

개경에 가기로 한지 10일 뒤인 정종 1년(1399) 3월 7일.

정종은 한양을 떠나 개경으로 향했다. 물론 왕족과 궁중의 모든 사람들이 정종을 따라 나섰으나 각 관청의 관원들의 반은 한양에 계속 남고, 나머지 반은 개경으로 떠났다.

한양을 떠나 개경으로 향하는 모든 사람들 중에 가장 마음이 착잡한 사람은 바로 태조 이성계였다.

태조 이성계는 왕과 조정대신들이 개경에 도착하기 4일 전에 미리 당도하였다. 태조 이성계는 주위 사람들에게

"내가 한양에 천도하여 왕비와 아들을 여의고 오늘 이곳에 이르니, 개경사람들 보기가 매우 부끄럽다. 그러니 앞으로 출입할 때 반드시 날이 밝기 전에 함으로써 사람들의 이목을 피할 것이다."

하고 말한 뒤 이를 실천하였다.

태조 이성계는 신하와 백성들의 다수 의견을 억제해 가며 천도를 단행했다가 다시 옛도읍 개경에 돌아온 자신의 모습을 무척 초라하게 생각한 것이다. 왕실과 조정이 개경으로 옮겨 자리가 안정되자 일부 대신 중에는 개경을 영구적인 도읍지로 삼으려고 하였다. 정종도 이들의 의견을 옳게 여겨

"지금 과인은 개경에 있는데 종묘는 한양에 있으니 참으로 불편하다. 따라서 종묘도 개경으로 옮기고 제사를 받드는 것이 어떠한가?"

하고 묻자, 참찬문하부사(參贊門下府事) 이거이(李居易)가 나서서

"전하, 한양에 도읍을 정해 건설하신 것은 상왕(上王)이십니다. 그런데 지금 한양에 있는 종묘를 옮기시려 하신다면 이것은 선대(先代)의 사업을 계승, 상속하는 도리가 아닌 줄로 아옵니다."

하고 종묘의 개경 이전을 반대하고 언젠가는 한양으로 다시 돌아가야 한다고 주장하였다.

그러자 정종은

"경의 말이 옳소."

하고 당초의 자신의 의견을 바꿨다.

그렇지만 도읍이 확정되지 않음으로 인해서 불편한 일이 한 두가지가 아니었다.

이에 정종은 왕자와 종친들을 상왕 이성계에게 보내어 개경에 도읍을 정하겠다는 허락을 받으려 했으나 실패하였다.

그런데 한양에서 개경으로 온 것은 한양에서 불길한 징조가 보여 피방해 온 것인데 개경에서도 불길한 징조가 하나 둘씩 나타나기 시작하는 것이 아닌가.

이 당시 개경 사람들은 모이기만 하면

"여보게, 요즈음 이상한 소문 못 들었나?"

"무슨 소문인데……."

"아 글쎄 요사이 상감마마께서 거처하는 수창궁(壽昌宮) 주변에서 부엉이, 여우가 울고, 올빼미까지 대궐 지붕 위에서 기분 나쁘게 운다니 이게 어디 보통 일인가."

"호오, 그거 예삿일이 아니구만. 게다가 요사이 태풍이 몰아쳐서 큰 피해를 입었는데 밤의 별자리조차 심상치가 않다니 큰일이네."

"그 뿐인가. 남쪽의 울산·동래·영덕 등의 동해안 바닷물의 색깔이 핏빛으로 변해 고기떼가 죽어서 떠올랐다니 아무래도 이변일세."

"그래서 조정에서도 통도사·불은사 등 큰 절에 재앙을 막아달라는 기도를 하고 있다는군."

　이처럼 나라 안의 이변이 끊이지 않자, 서운관에서 다시

　"전하께서는 잠시 침소를 옮기소서."

하고 건의하였다. 이에 정종은 거처를 옮겼지만 그 곳도 여전히 밤이 되면 부엉이의 구성진 울음소리가 끊이질 않았다. 민심이 흉흉한 속에서 사람들의 불길한 예감대로 내란이 일어나고 말았다.

　정종 2년(1400) 정월 그믐날.

　일명 '방간(芳幹)의 난'이라 불리우는 제2차 '왕자의 난'이 일어났다.

　제2차 '왕자의 난'은 태조 이성계의 4남 방간(芳幹)과 5남 방원(芳遠)이 왕위를 차지하기 위한 골육상쟁이었다.

　원래 방간은 학문이 없고 성질은 거친 편으로 친동생인 방원을 시기하고, 장차 왕위를 엿보고 있었다. 방간은 공훈·인격·명망·군사력 등이 방원보다 못하여 불안감을 갖고 있었다.

　한편 1차 왕자의 난에 가담했던 지중추원사(知中樞院事) 박포(朴苞)는 논공행상에 불만이 컸다. 그는 방간의 집에 자주 드나들면서 방원 사이를 이간질하기에 힘썼다.

　박포는 어느날 방간에게

　"정안대군 방원이 나리를 보는 눈이 다르니 반드시 변이 생길 것인즉 선수(先手)를 써야 합니다."

　"으음, 선수라……."

　"그렇습니다. 정안대군은 군사가 강하고 그 수효도 많습니다. 나리께서는 군사도 약하여 위태롭기가 아침 이슬 같으니 선제공격으로 제압해야 가히 승산이 있습니다."

　이 당시에는 개인이 거느리는 사병(私兵)이 있었으므로 방간은 자기가 거느리는 군대를 동원할 수가 있었다. 한참동안 생각하던 방간은 이윽고

박포의 의견을 따르기로 정하였다.

이럴 즈음 방원도 그의 형 방간의 동정이 심상치 않음을 눈치채었다.

"아니, 형님이 어찌하여 나를 해치고자 군대를 일으킨단 말인가."

"나리께서는 지체하시지 말고 이에 대비하셔야 돌이킬 수 없는 사태를 막으실 수 있습니다."

라고 방원의 측근들은 무력으로 대결할 것을 권유하니 형세는 일촉즉발이었다.

드디어 정종 2년(1400) 정월 그믐날.

살을 에는 듯한 심한 추위 속에 두 왕자는 실력대결을 위해 군사를 일으켰다.

먼저 방원은 예조전서(禮曹典書) 신극례를 왕에게 보내 군사를 일으키게 된 사실을 아뢴 뒤에 대궐문을 엄중히 지켜 비상사태에 대비할 것을 청하였다. 한편 방간은 심복인 상장군(上將軍) 오용권을 왕에게 보내 아뢰기를

"전하, 정안대군이 군사를 일으켜 회안대군(懷安大君)을 해치려고 하므로 부득이 군사를 일으켜 막지 않으면 아니되었습니다."

하고 군사를 일으킨 책임을 서로 상대방에게 미루었다.

이에 정종은 크게 놀라 도승지를 방간에게 보내어 군사를 해산하고 궁궐로 들어오라고 명하였다. 상왕 이성계도 이 말을 전해듣고,

"같은 형제끼리 어찌하여 이 지경에 이르렀느냐."

하고 크게 노하고, 각각 군사를 거두도록 하였다.

한편 정종은 방간이 왕명을 거역하고 군사를 내어 출전했다는 소식을 들었다. 이에 정종은 크게 노하고 한편으로는 두려워하면서 하륜(河崙)과 상의하였다. 정종은 하륜의 의견대로 다시 교서(敎書)를 내려 싸움을 중지하도록 명하였으나 방간은 이를 듣지 않고 수백명의 사병을 이끌고 개경의 동대문을 향해 진입하였다.

방원도 그의 사병을 지휘하여 남산 등의 요충지를 점유한 다음 이윽고 거리로 내려와 방간의 군사들과 접전하였다.

이 골육상쟁의 전투는 결국 이방원의 승리로 끝이났다.

이방원은 형인 방간을 사로잡은 뒤 극형은 면하여 황해도 토산(兎山)으로 귀양보내고 그를 추종하던 박포, 오유권 등을 참형에 처하였다.

제 2차 '왕자의 난'이 끝난 그 이튿날 하륜(河崙) 등의 대신들이 정종에게 나아가

"전하, 전일에 정몽주 일파가 음모를 꾸몄을 때와 정도전이 정변을 꾀했을 때 정안군이 없었다면 어찌 오늘이 있었겠습니까. 또 어제 일로 보더라도 하늘의 뜻과 민심의 소재를 파악할 수 있으니 정안대군을 세자로 삼는 것이 가할 줄로 아옵니다."
라고 아뢰었다.

이 당시 하륜은 참찬문하부사(參贊門下府事)의 자리에 있었는데 1차 '왕자의 난' 때도 태종을 도운 사람이다. 태종이 왕위에 오른 뒤에 영의정까지 오른 그는 음양·지리·의술에 능통하여 남의 관상(觀相)을 잘 보았다. 태조 때는 계룡산 천도를 부당하다고 상소하여 중지시키기도 하였다.

하륜은 일찌기 이방원이 장가를 들때 이 잔치에 참여했다가 그의 관상을 보고는 반색하여, 장인되는 민제(閔霽)를 보고

"당신의 사위야말로 장차 세상에 으뜸가는 인물이 되겠소이다."
하였다. 그 뒤부터 하륜은 민제를 통해 이방원과 친숙해져 이방원은 하륜을 신임하게 되었다.

1차 '왕자의 난' 때, 하륜은 풍문으로 정도전, 남은, 유만수 등이 이방원 등 한씨 소생의 왕자들을 제거하기 위해 모의하고 있다는 소식을 들었다.

하륜은 크게 놀라 이방원에게 이 내용을 알려야 겠는데 그에게 갑자기

충청도 관찰사로 부임하라는 교지(敎旨)가 내렸다.

충청도 관찰사로 떠나기 전날, 하륜은 남대문 밖 그의 사저로 친지들을 불러 작별연회를 열었는데 이 자리에 이방원이 찾아왔다.

하륜은 이방원이 찾아오긴 했으나 좌석의 이목이 번거로워 이야기를 나눌 수가 없어 마음이 초조하고 답답하였다.

그러자 이방원이 술 한잔을 따라 하륜에게 권하면서

"하감사, 이 술은 작별주이니 들고나서 부디 괄목할 치적을 거두고 보국안민에 힘써주오."

하였다. 하륜은 잔을 받아드는 순간 술잔을 입에 대는 척하다가 그만 술잔을 엎질러 이방원의 옷에 엎질러 버렸다.

이에 이방원은 매우 불쾌한 듯 만면에 노기를 띠고 일어나 문을 박차고 나가 버렸다. 이에 좌중에 냉랭한 공기가 감돌자 하륜은 여러 손님들에게

"내가 갑자기 수전증이 있어 잔을 놓쳤더니 그만 왕자께서 진노하신 모양입니다. 내 잠깐 사과를 드리고 오겠습니다."

하고 교묘히 변명을 하고, 밖으로 뛰어나와 말도 타지 않고 걸음을 재촉하여 이방원의 뒤를 쫓았다.

이윽고 이방원의 집 가까이 이르러서야 만날 수 있었다. 이방원은 하륜의 거동이 심상치 않음을 보고

"무슨 일이오?"

그러자 하륜은 입을 가리고 조용한 곳으로 가자는 시늉을 해 보였다. 이방원은 괴이하게 여겨 하륜을 침방으로 불러들이고, 좌우를 물러가게 하였다. 하륜은 그제야 나직한 말로

"위급한 일이 닥쳤기에 이목이 번다함을 피할 양으로 일부러 술잔을 엎었나이다."

하고는 이방원의 귀에 입을 대고 정도전·남은·유만수 등이 모의를 하

여 며칠날 거사하기로 작정했다는 이야기를 하였다.

그러나 정도전 등이 왕자들을 제거하려 했다는 사실은 확실하지는 않았다.

하륜(河崙)으로부터 정도전 일파의 어마어마한 모의 내막을 들은 이방원은 놀라움보다 분노에 치를 떨었다.

"그렇다면 장차 어찌하면 좋겠오."

하고 묻자, 하륜은

"안산군수 이숙번(李叔蕃)은 지략이 출중하니, 그로 하여금 별초군 삼백명을 인솔하고 올라오게 하여 정도전의 무리를 소탕함이 옳을까 합니다."

하고 계책을 말한뒤 몸을 일으켜 작별을 한 다음 남대문 밖의 자기집으로 돌아왔다. 그리고는 아무일도 없었던 것같이 여러 손님들과 술을 나누다가 헤어지고 나서 임지(任地)로 떠나갔다.

한편 이방원은 하륜의 계책대로 급히 안산군수 이숙번을 불러 별초군과 자기 수하의 사병을 거느리고 야음을 틈타 정도전 일파를 습격해서 살해하였다. 이른바 제1차 '왕자의 난'이다. 이때 하륜도 군대를 이끌고 상경(上京)하여 이 난에 가담해서 공을 세웠다.

하륜이 정안대군 방원을 세자로 삼도록 건의하자 정종은 아무말 없이 듣고 있다가 그 말이 가하다고 생각하였다. 이들 대신들을 내 보낸뒤 정종은 도승지 이문화(李文和)를 상왕 이성계에게 보내 이 일을 문의하였다. 그러나 태조 이성계는 옳다 그르다는 뜻을 밝히지 않았다.

이로부터 3일 후, 정종은 동생인 정안대군을 세자에 책봉하기로 하였다. 이로써 방원은 오랫동안 염원하던 왕위 계승의 길이 열리게 되었다.

정종은 정안대군을 세자에 책봉한 뒤 그에게 군국(軍國)의 대사를 맡기고, 신하들과 한가로이 놀기를 즐기면서 가끔 상왕 이성계를 찾아가

위로하는 것을 일과로 삼았다.

　정안대군이 세자로 책봉된지 9개월이 지난 정종 2년(1400) 11월 11일, 정종은 정안대군에게 왕위를 내어주기 위하여 도승지에게 옥새를 전하면서

　　"세자는 조선을 세우는데 큰 공이 있는데다가 과인이 3년간 왕위에 있는 중에 부덕(不德)한 탓에 천재지변이 잦았도다. 원래부터 과인이 질환이 있는 터에 중임을 맡아 병이 더욱 심하니 물러나 심신을 쉬고 싶다. 세자가 덕과 지혜가 뛰어나 제세안민(濟世安民)의 자질을 갖추었으니 대통(大統)을 잇는 것이 마땅하도다."

라고 전교(傳敎)를 내렸다.

　이 전교를 받은 정안대군은 눈물을 흘리면서 사양하였다. 그러나 정종은 재차 세자에게 명을 받들어 종사(宗社)를 안정시키고 민생을 돌보라는 전지(傳旨)를 내리자 그제야 정안군은 왕위에 올랐으니 이가 곧 조선 제3대 태종(太宗)이다.

　이 당시 이성계는 강원도 오대산에서 승려인 설오(雪悟) 등과 함께 있었다. 정종은 정안대군에게 왕위에 오르라는 전지를 내리는 한편 좌승지(左承旨) 이원(李原)을 이성계에게 보내 이 뜻을 고하도록 했다. 그러자 이성계는

　　"해서도 아니되고 아니해도 안될 것이다. 이제 벌써 선위(禪位)를 하고서 다시 무엇을 말하는가."

하고 왕위를 물려주는 것에 반대도 찬성도 하지 않았다.

　의정부(議政府)에서 백관을 거느리고 세자가 왕위에 오르기를 요청했으므로, 11월 13일에 세자 정안대군은 면류관을 쓰고 용포를 입고서 수창궁(壽昌宮)에서 즉위식을 거행하였다.

태종(太宗)이 조선 제 3대왕으로 등극한지 며칠 지나지 않았을 때 오대산에 있었던 이성계가 하산하여 돌아왔다. 부자가 서로 상면했을 때 이성계가 태종에게

"네 형이 한양에 천도하여 내 마음을 위로하겠다는 뜻을 갖고 있었는데 네가 내 마음을 헤아려 행할 수 있겠느냐?"

하고 물었다. 그렇지 않아도 태종은 평소에 이성계와 같이 조선 왕조의 도읍지는 개경을 떠나 새 도읍지를 정해야 한다고 생각하고 있었다. 이에 태종은

"아버님, 어찌 감히 명령대로 따르지 않겠습니까?"

하고 충심에서 우러나오는 대답을 하였다.

이리하여 한양으로의 천도 계획을 다시 세우게 되었다.

그런데 태종이 등극한지 1개월 뒤인 12월에 갑자기 왕이 거처하던 수창궁(壽昌宮)에 화재가 났다. 참으로 불길한 조짐이었다. 궁궐이 모두 타버리자 왕실과 백성들의 인심은 뒤숭숭하여 천도 문제가 본격적으로 거론되었다.

화재가 일어난 날, 태종은 조준·성석린 등을 불러

"불행히도 오늘 화재가 나서 궁궐이 불타버렸으니 경들은 서운관에 있는 비기(秘記)를 적어 놓은 책들을 찾아서 한양 천도에 대한 이해(利害) 관계를 밝혀 보고하시오."

하고 명하였다. 그러자 조정 대신들은 모여 앉아 이 문제를 둘러싸고

"아무래도 개경이 명당(明堂)이니 이곳을 서울로 삼아야 하오."

"전국을 찾아 보아도 경복궁을 지어 놓은 한양 만한 명당이 어디 있습니까?"

라고 주장하는가 하면 태조 이성계가 왕위에 있을 때부터 무악(毋岳)천도론을 주장하던 우의정 하륜(河崙)은

"새 도읍지 한양과 구 도읍지 개경에 모두 재변(災變)이 있었으니 풍수

지리적으로 볼 때 무악 만한 길지(吉地)가 없으니 이곳으로 천도하는 것
이 타당하오.”
라고 강경하게 주장하는 것이었다.

　어느덧 해를 넘겨 태종 1년 (1401) 1월이 되었다. 이 당시 남양군 홍길
문(洪吉文)이 태종에게 건의하기를
　“도읍은 종묘와 사직이 있는 곳이자 공물(貢物)이 집결하는 중요한 곳
입니다. 지난 날 태상왕(太上王)께서 도읍을 한양에 정하여 궁궐, 시가 등
을 훌륭하게 개설한지 수년이 못되어 이곳을 떠났기 때문에 새 도읍지가
황폐하여 이를 보는 사람들마다 서글프게 생각하지 않는 이가 없습니
다.”
　“…….”
　“또한 종묘에 제사를 올릴 때만 되면 개경과 한양을 왕래하는 폐가 많
으니 이것은 전하께서 효도하는 도리가 아닙니다. 바라옵건대 전하께서
는 태상왕의 천도하신 뜻을 받들어 만세무강의 기업(基業)을 정하십시오”
라고 건의하였다.
　태종은 이 건의를 듣고서 고개를 끄덕였다. 이 말에 힘을 얻은 태종은
한양 천도를 하고자 했으나 대신들 중에는 개경을 떠나는 것을 반대하는
의견이 많았으므로 천도를 강행하기가 어려웠다.
　태종은 속으로
　‘태상왕께 한양으로 돌아가겠다고 약속했는데 대신들과 백성들은 개
경에 있기를 원하고 있으니……쯧쯧.’
하면서 못마땅하게 생각하였다.
　한편 수창궁이 소실되어 태종은 추동궁(楸洞宮)으로 옮겼으나 너무 협
소하였다. 이에 태종은 추동궁을 헐고 새로 지으려고 하자 사간원(司諫
院)에서

"전하, 추동궁이 조금 좁고 낡았지만 헐어내고 다시 짓는 일은 부당합니다."
라고 반대하였다.

태종은 크게 노하여

"나더러 거리에서 자란 말이냐. 그렇다면 한양으로 환도할 것이니 서운관(書雲觀)에서 천도할 날짜를 택하여 보고하라."
고 명한 뒤 반대한 간관(諫官) 윤사수 등을 옥에 가두게 하였다.

이 소식을 들은 정승 김사형 등이 태종을 알현하려고 청하자, 태종은 측근에게

"필요없다. 한양 도읍지로 떠나는 날 만나자고 하여라."
고 물리친 뒤 한성으로의 환도를 강력하게 밀고 나갔다.

그러나 하륜·조영무·이직 등이 입궐하여 한양 환도를 중지하고, 추동궁을 건설하자고 건의함으로써 태종의 노기는 풀렸다.

그렇지만 한양 환도 문제는 여전히 문제로 남아 있었다. 이후 태종은 기회 있을 때마다 중신들과 환도 문제를 논의하였으나 중신들은 항상 환도는 불가하고 개경에 도읍하는 것이 옳다는 것이었다.

태종은 즉위한지 1년 3개월이 된 2월에 하륜과 김사형을 불러

"경들은 문무 관리들에게 한양 환도에 관해 가부(可否)를 물어 결정해서 보고하시오."
라는 명을 내렸다.

그래서 두사람은 여론 조사에 나서 문무 각 관원들과 의논하였으나 개경에 정도하자는 의견, 한양으로 환도하자는 의견, 무악(毋岳)에 정도하자는 의견 등 분분하였다. 그러나 대체적으로 개경에 그대로 정도하자는 의견이 다수였다.

이 보고를 들은 태종은 착잡하여 측근의 신하들과 장시간 논의하였지만 결론을 내리지 못하였다.

그러는 중에 어느새 1년이 다시 흘렀다. 그간 태종 3년(1403) 1월과 2월 두차례에 걸쳐 사헌부·사간원·3부에서 한양에 두고 있는 종묘와 사직을 개경으로 옮겨와야 한다는 건의가 있었다. 이어서 그 이듬해 7월에도 이와 같은 주장이 있었다.

태종은 천도 문제를 결정하지 못하고 시일만 자꾸 끄는 것이 못내 못마땅하여

"6년 전 한양에서 개경으로 환도한 것은 피방(避方)을 위해서였는데 여지껏 종묘와 사직을 한양에 두고 도읍을 확정하지 못한지 오래되었다. 근래에 와서 천재지변이 자주 나타나는데 이는 종묘와 사직이 멀리 한양에 있고 도읍이 정해지지 못해 인심이 불안하기 때문이다. 사람들이 오랫동안 개경에 살다 보니 고토(故土)에 친하고 생업이 안정되어 천도하기 어려운 것인즉 종묘와 사직을 개경으로 옮기는 것이 어떤지 내일까지 의논해서 보고하라."

고 의정부(議政府)에 명하였다.

의정부는 태종의 명에 따라 종친들과 원로대신들을 불러 의논해 본 결과 참석한 모든 사람들이 종묘와 사직을 개경으로 옮기는 것이 좋겠다고 하였다.

그런데 찬성사로 있는 남재(南在)만은

"종묘를 옮기는 것은 중요한 문제이니 경전(經典)과 「사기(史記)」를 널리 참고하여 예법에 어긋나지 않는가를 밝힌 후에 옮기는 것이 옳을까 합니다."

라고 신중하게 처리하자는 의견을 내었다.

이와 같은 남재의 의견을 채택한 좌의정 조준은 즉시 사람을 시켜 중국의 역사책인 「사기(史記)」를 뒤져 천도에 관한 일을 알아보게 하였다. 마침 주(周)나라 역사를 들추니, 성왕 때 두개의 서울을 둔 양경제(兩京制)를 실시한 것이 눈에 뜨이었다.

이에 의정부(議政府)는 태종에게

"전하, 한양은 태조가 창건한 도읍이요, 개경은 백성들이 안주하고 있는 곳이므로 두곳 모두 폐지할 수 없으니, 주(周)나라 때의 호경(鎬京)과 낙읍(洛邑)의 제도를 본받아 양경제를 실시하되 개경을 중심으로 도읍을 삼는 것이 옳을까 합니다."

라고 보고하였다. 그러자 태종은 고개를 갸우뚱하며

"양경제를 실시하되 개경을 중심으로 도읍을 삼는다? 원래 한양은 태조께서 창건하신 땅이요, 종묘와 사직이 있는 곳인만큼 양경제를 실시한다면 한양이 중심이 되어야 마땅하지 않소."

하고 반문하였다. 그러자 의정부는 개경을 중심으로 양경제를 실시하는 것이 옳다고 하여 결론을 짓지 못했다.

한편 양경제를 실시한다는 소식을 들은 이성계는 태종에게 교지(敎旨)를 내려 섭섭한 뜻을 나타냈다.

"내가 한양으로 천도할 때에도 번거로움은 있었지만 개경은 왕씨(王氏)의 구 도읍지이므로 천도한 것인데, 지금 상감이 다시 개경에 도읍한다면 이것은 시조(始祖)의 뜻을 따르는 것이 아니오."

이 교지를 읽은 태종은 즉시 의정부에 교지를 내려

"한양은 종묘와 사직이 있는 곳으로 오랫동안 비워두고 거처하지 아니했으니 이는 선대(先代)의 뜻을 계승하는 효도가 아니므로 명년 겨울에는 도읍을 옮길 것이니 궁궐을 수리하도록 하시오."

라고 명하였다.

이 때 원로대신 하륜(河崙)이 다시 입궐하여

"한양이나 개경은 모두 풍수지리적으로 길(吉)하지 못한 곳이니 명당인 무악(毋岳)으로 천도해야 합니다."

라고 강력하게 주장하였다. 이 말을 들은 태종은 그의 의견을 무시할 수 없어 직접 무악을 살펴보기로 결정하였다.

　태종 4년 (1404) 9월 26일, 태종은 종친·중신들과 풍수지리가 등을 이끌고 개경을 출발하였다. 이로부터 8일 후인 10월 4일 무악에 도착한 태종은 한강변에 커다란 흰 깃발을 꽂아 놓게 하고 산 위에 올랐다.

　산위에서 사방의 지형을 살펴보고

　'흰 깃발의 북쪽에다 도읍을 할 수 있겠다.'

라는 생각을 하였다. 태종은 무악에서 내려와 곧 회의를 열었다.

　"도읍지에 대해 무슨 말을 하든지 탓하지 않을 것이니 소신껏 의견을 말해 보시오."

　그러자 풍수학자인 윤신달·유한우 등은

　"한양은 사면이 험한 돌산으로 되어 있고, 명당에 물이 없어 도읍지로서 부적당하나 무악은 도참설에 부합하니 도읍지로서 적당한 곳입니다."

라고 찬동하였다. 그러나 이양달은

　"무악은 풍수지리적으로 불길한 곳이므로 도읍지로는 불가합니다."

　라고 강력하게 반대하였다. 또한 민중리는

　"삼각산에 올라가서 사방을 바라보고 도읍지를 정하는 것이 옳습니다."

라는 의견을 제시하는 등 대신들의 의견은 분분하여 일치하지 않았다.

　도읍지를 개경, 무악, 한양으로 정해야 옳다는 신하들의 의견이 맞서자 태종은 종묘(宗廟)에 나가 점(占)으로 결정하기로 하였다. 태종의 이 같은 생각에 반대하는 사람은 없었다. 다만 점을 치는 방법에 대해서 논의를 하게 되었다.

　점(占)은 옛날 중국에서도 중요한 일을 결정할 때도 사용하였고, 고려를 세운 태조 왕건이 철원에서 개경으로 도읍을 옮길 때에도 척철법(擲鐵法), 즉 동전을 던져서 결정하였다는 것이다.

　태종 4년(1404) 10월 6일, 아침 일찍 일어난 태종은 도읍지를 결정하는 일 때문에 마음이 착잡하였다.

'오늘 종묘에서 어떤 점괘(占卦)가 나올까? 만일 개경이 도읍지로 결정된다면 부친께서는 매우 실망하시겠지……'

태종이 종묘에 거둥하기 몇 시간 전부터 도읍지 결정에 관심이 많은 사람들이 종묘 앞에 모여들기 시작하였다.

"한양과 무악, 개경 중에서 어느 곳이 서울로 정해질 것 같소?"

"글쎄, 상감마마께서는 무악이 서울로 정해지기를 바라신다지만 그거야 점을 쳐 보아야 알 수 있지 않겠소."

드디어 군중들이 운집한 속으로 태종의 거둥이 있자 웅성대는 소리가 사라지고 숙연해졌다. 태종은 종묘 앞에 도착하자 모인 사람들에게

"과인이 개경에 있는 동안 재난이 자주 있었노라. 이를 기이하게 여겨 문의하였더니 정승 조준(趙浚)을 비롯한 많은 사람들이 신 도읍지로 가야만 천재지변이 일어나지 않는다고 하였도다. 그러나 신 도읍지 한양에도 천재지변이 적지 않게 일어났기 때문에 도읍을 결정하지 못해 인심이 매우 불안하였도다. 이제 종묘에 들어가서 어느 곳을 도읍지로 정할 것인가를 조상님께 고하고, 점을 쳐서 길(吉)한 곳을 도읍지로 삼을 것인데 일단 정해진 뒤에는 절대로 이의(異議)를 제기해서는 아니될 것이오."

하고 장중한 어조로 다짐을 하였다. 이어서 태종은 대신들과 같이 종묘에 들어가 배례(拜禮)를 하였다. 그리고 좌의정 조준, 대사헌 김희선, 지신사 박석명, 사간 조휴와 태종의 사촌 정산군 이천우(李天祐) 등 5명을 거느리고 묘실(廟室) 안으로 들어갔다.

태종은 향을 피우고 꿇어 앉아 정면을 바라보다가 이천우를 불렀다.

"이 동전 3개를 던져 점괘를 내 보시오."

동전 3개에는 각각 앞면에 '길(吉)', 뒷면에 '흉(凶)'자가 써 있었다.

태종의 명에 따라 이천우는 소반 위에 동전을 던져 점괘를 냈다. 이때 나온 점괘는 개경과 무악은 '길'이 1개, '흉'이 2개 나오고, 한양은 '길'

이 2개, '흉'이 1개 나왔다.

나타난 점괘에 태종은 아무 말을 하지 않았다. 이 당시 조선 사회는 여론 정치사회였으므로 태종이 국왕의 자리에 있었지만 민의(民意)를 무시하고, 혼자 천도를 결정하거나 강행할 수 없었다.

이리하여 태종이 즉위한 후 5년간이나 의견이 분분하였던 천도 문제는 매듭을 짓게 되었다. 태종은 이듬해 1405년 10월 8일에 개경을 출발하여 3일 후인 11일에 한양에 도착하였다. 그러니까 정종이 한양을 떠난 지 만 6년 7개월만에 환도한 셈이다.

태종은 대신들에게

"과인은 무악에 도읍하지 못했지만 후세에 반드시 도읍할 사람이 있을 것이오."

라고 말하였다.

동서 분당(東西分黨)

서인(西人) 김효원이 살았던 정동

민족의 역사상 일찌기 없었던 임진왜란을 겪은 파란 많은 군왕 선조 (宣祖)가 왕위에 있을 때─.

명종비(明宗妃) 인순왕후의 동생 심의겸(沈義謙)은 동대문 부근 건천동 (乾川洞)에 살았고, 김종직의 제자 김근태의 문하생인 김효원(金孝元)은 서대문 부근 정동(貞洞)에 살았다.

김효원의 벼슬은 심의겸보다 낮았지만 나이는 세 살 위였다.

그런데 김효원은 과거에 급제한 후 명성이 높아지면서 동서지간(同婿 之間)인 윤원형과 접촉을 끊고 지냈지만, 심의겸은 그를 권세에 아첨하는 사람으로 여겼다. 이와 같은 오해가 후에 동서분당(東西分黨)의 씨앗이 될 줄은 아무도 몰랐다.

마침 선조 7년(1574)에 이조정랑(吏曹正郎 ; 정5품) 자리가 비게 되었다. 이 자리는 높은 직위는 아니었으나 관리의 임면(任免)을 장악한 인사권이 있는 까닭에 모든 사람들의 관심이 지대하였다. 이러한 중요성 때문에 이조정랑의 임명은 이조판서라도 관여하지 못하고 반드시 전임자(前任 者)가 추천하곤 하였다.

이에 따라 물러나게 된 오건(吳健)도 그의 후임으로 김효원을 지목하

였다. 이를 알게 된 심의겸은,

"김효원은 전에 세도 재상 윤원형의 문객으로 있던 자이니, 그와 같은 사람을 그 자리에 임할 수 없소."

라고 반대하였다.

이로 인하여 김효원은 이조정랑에 오르지 못하게 되었으므로 크게 망신을 당하게 되었다.

그러자 당시 김효원을 지지하는 신진 사림파는 심의겸의 간섭이 부당함을 들고 일어났으므로 그 분위기가 몹시 험악하였다. 이때 붕당(朋黨)을 크게 염려한 대사간 이율곡(李栗谷)은 왕에게 진언하여 김효원을 이조정랑에 임명하게 하고, 심의겸을 타일러 일단 이 사건은 무마되었다.

1년 뒤 선조 8년(1575)에 김효원은 이조정랑에서 물러나게 되었다. 이때 그 후임으로 심의겸의 아우 심충겸을 천거하는 사람이 있었다.

그러나, 김효원 일파는 외척이 국정에 참여하는 것이 마땅치 않다는 생각을 갖고 있었고, 김효원 자신도 작년에 이조정랑에 앉으려고 할 때 심의겸에게 톡톡한 망신을 당했던 것을 잊을 리가 없었다.

이에 그는 심의겸에게 보복할 기회로 삼아 심충겸 대신 제 3자를 후임자로 천거하였다. 심의겸은 울화가 치밀어,

"좋건 나쁘건 나만 혐오할 것이지 내 아우까지 혐오를 하다니 정말 소인배의 짓이로다. 어디 외척이 원흉(元兇 ; 윤원형)의 문객(門客)에게 질소냐."

하였다. 결국, 심충겸은 김효원의 일파의 반대로 이조정랑에 오르지 못했으므로 두 사람의 대립은 본격화되었다. 이 해가 을해년(乙亥年)인데 동인과 서인으로 나뉘어 졌으므로로 사람들이 이를 을해분당(乙亥分黨)이라고 칭하였다.

이처럼 김효원과 심의겸의 사이가 표면화되자 당시의 모든 관리와 유생들은 두 편으로 나뉘어 갑론을박 두 사람의 입장을 각각 비호하였다.

그 당시 심의겸은 사림파의 기성 세력으로부터 절대적인 지지를 얻고 있었고, 김효원은 신진 사림파들로부터 지지를 받고 있었다.

그 까닭은 심의겸이 일찌기 명종 때 이량(李樑)이 사림파를 숙청하려고 하자 외삼촌인 이량을 탄핵하여 사림파들을 구했으므로 지지를 얻게 되었고, 김효원은 이조정랑으로 있던 1년간 신진 사림파들을 많이 등용시켜 그 세력이 만만치 않았던 것이다.

이를 크게 염려한 이율곡은 우의정 노수신과 함께 의논한 끝에 왕에게 나아가,

"전하, 붕당의 피해는 바로 망국의 근본입니다. 하루 바삐 탕평(蕩平)하소서."

"이는 과인도 매우 염려하는 바이오. 어떻게 하면 탕평하겠소."

"신의 생각으로는 분당(分黨)의 책임자인 두 사람을 모두 외직으로 내보내는 것이 좋을 듯하옵니다."

이율곡의 진언에 스물 세살의 젊은 선조는 김효원을 함경도 부령부사(富寧府使), 심의겸을 개성유수(開城留守)로 내보냈다.

이러한 조치로 파당 싸움은 어느 정도 완화되기는 했으나 근본적인 대책은 아니었다.

그 당시 중앙에 진출하여 관리가 되는 것을 최고의 목표로 삼는 사회 풍토와 권력 대립이 불가피한 제도적 모순 때문에 파당 싸움은 쉽사리 없어질 수가 없었던 것이다.

악몽의 1년

왜군에게 점령된 서울

임진년(1592) 4월 14일.

조선을 침략한 왜군은 북상한 지 18일 만에 서울을 점령하였다.

조정에서는 4월 29일 신립 장군이 충주 탄금대에서 패전하자 서울을 떠나기로 하였다. 봄비가 내리는 그믐날 밤 서대문을 통하여 선조 일행이 북쪽으로 떠나자 며칠 동안 서울 장안은 무법천지로 변하여 서울 사수(死守)는 포기하게 되었다.

더구나 왜군의 한강 도하도 막지 못해 소서행장(小西行長)의 군대는 동대문으로 입성하였다.

왜군은 이때부터 이듬해 4월까지 1년간 서울을 점령하는 동안 갖은 악행을 저질렀다.

왜군은 서울을 점령하고 나서 피신한 서울 사람들을 선무하는 술책으로 방(榜)을 붙여 입성을 권유하고,

"적군이 백성을 죽이지 않는다."

라는 소문을 퍼뜨렸다.

서울 사람들은 이와 같은 술책에 속아 하나 둘씩 도성으로 들어오니 점령 전의 서울 모습과 거의 다를 바 없었다.

　　그러나 왜군은 차츰 그 본색을 드러내기 시작하였다. 왜군 명령에 순순히 따르지 않거나 아군과 내통하는 혐의만 있어도 종루(鍾樓) 앞이나 남대문 밖에서 참수하거나 태워서 죽이므로 해골로 언덕을 이루게 되었다고 한다.

　　특히, 밀고하는 자에게 상을 주었으며 1월에 평양성이 조선과 명군에게 함락되자 왜군은 그 분풀이로 도성 안의 남자들을 닥치는 대로 죽여 여복(女服)으로 분장한 남자들만 겨우 목숨을 건졌다고 한다.

　　왜군의 잔학한 처형 방법은 차마 눈을 뜨고 볼 수 없었다. 불복(不服)하는 도성 사람들의 귀를 자르고 눈을 빼며, 살을 도려내고 살껍질을 벗겼다. 심지어는 심장을 도려내고 팔다리를 자른 뒤 머리를 잘라 몸통과 머리를 장대에 각각 매달아 놓았다.

　　「연려실기술」에서는 1월 24일의 왜군의 만행을 상세히 써 놓았다.

　　왜군 장수들은 서울을 철수하게 되자 서울 사람들을 대량 학살할 것을 은밀히 결정하였다. 그리하여 왜군은 서울 사람들을 결박하여 남대문 밖에 열을 지어 세워 놓고, 위쪽에서부터 처형하여 내려오는데 칼을 맞아 모두 죽을 때까지 한 명도 도망치지 못하였다.

왜군이 서울을 점유하고 있을 때의 일이다.

"종묘(宗廟)에 있던 왜군 본거지를 곧 옮긴다지."

"그런 소문을 들은 적이 있는데 어디로 옮긴다고 하던가. 이미 경복궁, 창덕궁은 타 버렸으니 그 곳은 아닐테고."

"가만있자, 저기 불길이 솟는데 저 곳이 종묘가 아닌가. 종묘에서 밤마다 신병(神兵)이 나타나서 왜군을 괴롭히기 때문에 저희들끼리 싸워 죽이고 폭탄이 터져 죽었다더니 기어이 주둔지를 옮기면서 종묘에 불을 지르는 구먼."

"쯧쯧, 천벌을 받을 놈들."

왜군은 종묘에서 남별궁(현 조선호텔)으로 본거지를 옮기고 서울 각처 20개소에 군대를 배치하였다.

한편 체찰사(體察使) 유성룡(柳成龍)이 명군 대장 이여송(李如松)과 함께 왜군이 철수한 다음날 서울에 들어왔다. 당시 유성룡이 본 바에 의하면 서울 사람 중 남은 사람은 100명의 한 두 명에 지나지 않았고, 생존한 사람 기색도 굶주림과 피곤으로 귀신 몰골이었다. 인마(人馬)는 길가에 쓰러져 악취를 풍겨 코를 쥐고 다녀야 했고, 도성 안팎은 백골이 산을 이루었다고 하였다.

서울이 수복되고 나서도 굶주림은 계속되었던 것 같다. 사헌부(司憲府)에서 왕에게 보고하기를,

"기근이 극심하여 지금 사람이 사람을 서로 잡아 먹기에 이르러서도 개의치 않게 되었습니다. 이리하여 길에 쓰러진 시체에는 살이 완전히 붙어 있는 것이 없을 뿐 아니라 심지어 산사람을 죽여 내장과 살을 함께 씹어 먹습니다.…… 성 안에서 이와 같은 끔찍한 변이 있는데도 형조(刑曹)에서는 이런 일을 방치하여 체포하지도 않고, 체포된 자도 엄히 다스리지 않고 있습니다."
라고 하였다.

기근이 어느 정도 심했는가는 어느날 명나라 군사가 술이 잔뜩 취해 가다가 길에서 구토를 하였는데, 이때 이를 본 굶주린 사람들이 몰려와서 머리를 땅에 박고 핥아 먹었으며 그나마 힘이 약해 밀려난 자는 이를 보고 눈물만 흘리고 있었다고 한다.

5

아쉬운 역사 유적

태평관(太平館)

명나라 사신들이 머물던 오늘날의 영빈관

'태평로'는 세종로에서 남대문에 이르는 가로명이지만 도로 양쪽은 태평로 1가, 2가로 부르는 행정구역 명칭이기도 하다. 80여년 전에 지어진 태평로라는 이름은 동방생명 빌딩 뒤쪽에 있는 한국주택은행 서소문지점 자리에 태평관이 있었기 때문에 유래된 것이다.

'태평로'는 1.1킬로미터의 짧은 길이지만 '서울의 얼굴'이라고 일컬을 만치 덕수궁과 서울시청을 위시하여 많은 공공건물이 즐비하게 늘어서 있다. 특히 1975년 8월까지 국회의사당이 세종문화회관 별관 건물에 있었기 때문에 태평로는 의회정치를 상징하는 대명사였다.

또한 우리나라를 찾는 국빈이나 관광객도 이 길을 외면할 수 없고, 외국에서 국위를 떨치고 돌아오는 선수들도 오색종이 세례를 받으며 이 길에서 카퍼레이드를 벌여왔다.

이처럼 중요한 태평로는 조선말까지 남대문에서 프라자호텔까지만 뚫려있고 시청에서 세종로 네거리까지는 개설되어 있지 않았다. 따라서 조선시대에는 남대문에서 경복궁으로 가려면 오늘날의 남대문로를 이용해서 보신각까지 와서 종로를 거슬러 세종로 네거리를 지나야 이를 수 있었다.

즉 태평로의 전 구간은 1902년에 그린 서울지도에 나타나지 않았으므로 일제 침략이 본격화된 을사조약 이후에 개통된 것으로 추측된다.

원래 태평관은 조선중기까지 명나라 사신들이 체류하던 오늘날의 영빈관이라 할 수 있다. 태평관 건물은 중앙에 전(殿)이 있고, 이 건물의 동·서쪽에는 행랑채가 자리잡았으며 뒤곁에는 누각이 세워져 있었다.

이 누각에 오르면 서울 장안의 경치가 한눈에 들어왔으므로 명나라 사신들은 으레 이곳에 올라 시부(詩賦)를 지었다. 이 태평관 건물은 인조 때 헐려 홍제원을 보수했다고 김정호가 쓴 「대동지지(大東地誌)」에 기록되어 있다.

태평관은 명나라 사신들의 영빈관으로 쓰인 외에 태종 1년(1401) 6월에 명나라 사신이 가져온 고명(誥命)과 금인(金印)을 받는 의식을 이곳에서 거행하였다. 이로써 태종은 정식 국왕이 된 셈이다. 그런가 하면 중종의 계비 문정왕후와 선조의 계비 인목왕후가 이곳에서 가례(嘉禮)를 올렸다. 한편 중국사신이 태평관에 머물게 되면 잡귀를 쫓는 나례(儺禮)를 이곳에서 벌이기도 했다.

세종이 왕위에 오른지 얼마되지 않은 때에 태평관이 좁고 누추하다 해서 차제에 경복궁과 창덕궁 사이에 이전해 짓자는 의논이 있었다.

이에 박은과 이원은 태평관을 이전하려면 많은 민가를 헐어야 하고, 또 태평관을 궁궐 가까이에 짓는 것이 옳지 않다고 하자 세종은 이 의견에 따라 개축하기로 했다.

그러자 유정현(柳廷顯)이 나서서 태평관을 개축하려면 강원도에서 재목을 베어와야 하고 또 많은 장정을 동원해야 하는 어려움이 따르니만큼 차라리 외적을 대비하여 병선(兵船)을 만들고 변방에 성벽을 쌓는 것이 급선무라고 주장했다. 이리하여 태평관 개축은 후일로 연기되었다.

태평관에 중국사신이 유숙하게 되면 그 뒤쪽에서는 태평관 후시(太平館後市)라는 저자가 섰다. 즉 중국사신을 따라 온 일행들이 가지고 온 진

명나라 사신들이 머물던 영빈관 - 태평관이 있었던 태평로.

귀한 물건과 우리나라 토산품과의 물물교환이 이루어졌다. 조공(朝貢)과 상사(賞賜)라는 형식의 국가간의 공무역(公貿易)에 비하면 보잘것 없는 사무역(私貿易)이지만 이곳에서 행해졌다.

그러자 세종 5년(1423)에 임금의 명으로 이곳에서 금·은·단목(丹木)·백반(白礬)·호초(胡椒)·토표피(土豹皮) 등은 거래하지 못하게 하였다.

서소문(西小門)
상여가 나가던 도성의 서쪽 문

태조 이성계는 한양 천도 후에 도성(都城)을 쌓고 4대문과 4소문을 냈다. 이 8개의 문 중에는 남대문과 서대문 사이에 서소문(西小門)이 있다.

서소문이란 이름은 속칭으로 원래 이름은 소덕문(昭德門)이라 했다가 소의문(昭義門)으로 개칭하였다.

성종 3년(1472)에 성종의 숙모인 예종의 왕비 장순왕후가 승하했다. 이에 조정에서는 관례대로 장순왕후에게 '휘인소덕(徽仁昭德)'이라는 시호를 지어 올렸다.

그러자 신하들은 성종에게

"전하, 아뢰옵기 황공하오나 승하하신 장순왕후의 시호가 소덕인데 서소문의 이름도 소덕문이오니 같은 이름을 피하는 것이 좋을까 합니다."

"그렇다면 서소문의 이름을 어떻게 고칠 것인지 경들의 의견을 말해 보시오."

"소신의 생각으로는 소덕문을 소의문(昭義門)으로 고치심이 어떨까 합니다."

"그 이름이 좋겠구만. 그럼 소덕문의 현판을 떼어내고 소의문이라고 써서 붙이도록 하시오."

이리하여 서소문의 공식 이름은 장순왕후의 시호와 같다하여 소의문이 되었다.

서소문의 이름 뿐만 아니라 동소문의 공식 이름도 바뀌었다. 동소문의 이름은 원래 홍화문(弘化門)이었다. 그런데 성종 14년(1483)에 창경궁을 건립하고 그 정문 이름을 홍화문이라고 정했다. 이에 따라 똑같은 명칭을 피하기 위해 중종 6년(1511)에 동소문의 이름을 혜화문(惠化門)으로 고쳤다. 그런데 서소문과 동소문은 명칭이 바뀌었을 뿐 아니라 일제(日帝)에 의해 철거된 공통적인 점이 있다. 근 5백년을 내려온 서소문을 일제는 1914년 12월에 도시계획이라는 미명으로 철거하였다.

서소문이 태조 5년(1316)에 건축되었을 때는 다른 성문과 같이 문루(門樓)가 있었다. 그런데 언제 이 문루가 훼손되었는지는 모르나 영조 19년(1743)에 왕이

"금위영(禁衛營)으로 하여금 소의문의 문루를 만들어 세워 놓도록 하라."

고 명했으므로 금위영은 군사를 동원해 그해 8월에 완공했다.

오늘날 서소문의 옛모습은 다시 볼 수 없으나 '서소문로'라는 가로명과 '서소문동'이란 동명은 남아있다.

"없어진 서소문은 현재 어디쯤에 있었지요?"

"대체로 중앙일보사가 있는 곳과 길 건너편의 순화빌딩 사이의 대로에 서 있었습니다."

"그런데 조선시대에는 도성 안에서 초상이 나면 상여가 나가는 문이 따로 있었다면서요."

"도성 내에는 묘지를 절대로 쓸 수 없기 때문에 도성 밖의 묘지로 가려면 도성문을 통과해야 했는데 이때 광희문과 서소문으로만 나갈 수 있었답니다."

서소문 밖에는 욱천이 있었다. 이 백사장에서 사형을 집행하여 많은 천주교인을 처형하였다. 지금은 순교자 기념관이 약현성당으로 옮겨져 있다.

"그래서 광희문을 일명 시체가 나가는 문이라고 해서 시구문(屍軀門)이라고 했다는데 서소문도 시구문이라고 불렀나요."

"그렇게 부르지는 않았지만 서소문 밖은 조선 5백년 동안 죄인을 공개 처형하는 사형장이 있었지요."

서소문 밖의 사형장은 지금 의주로 2가 16번지 4호의 서소문 공원 자리였다. 전에는 이 공원 서쪽으로 만초천(욱천)이 흐르고 그 주위에는 채소밭과 백사장이 있었다. 이 백사장에서 죄인을 처형했던 것이다.

얼마 전까지만 해도 서소문공원에는 수산시장(水産市場)이 있어서 어물(魚物)이 거래되었다.

조선시대 반역 등 국가의 중대범죄를 저지른 죄인은 군기시(軍器寺) 앞의 다리, 오늘날 시청 앞에서 거열(車裂)로 능지처참하고, 그 다음의 중죄인은 서소문 밖에서 목을 베었다. 그리고 일반 죄인은 새남터, 현재 서부 이촌동 아파트와 용산의 서울 공작창 일대에서 공개 처형하였다. 그리하여 서소문 밖의 사형장은 참터(斬址)로 불려왔다.

"새남터와 서소문 밖의 사형장에서는 천주교인들을 많이 학살했다면서요?"

"지금 서소문공원 안에 천주교순교기념비가 세워져 있는 것도 조선말에 많은 천주교인들이 순교한 것을 기념하기 위한 것입니다."

"천주교인들이 서소문 밖에서 많이 순교한 것은 어느 때인가요?"

"대원군이 집권하고 있던 1866년 병인년이므로 병인박해(丙寅迫害)라고 부르지요. 이 해 초에 대원군은 천주교인들을 체포, 처형하도록 명했습니다."

"이 때 프랑스 신부 9명은 새남터에서, 신도였던 남종삼(南鍾三) 등은 서소문에서 처형되었군요."

"그 당시 서울에서만 2만여명의 천주교인이 체포되었고, 전국적으로 8천명이 순교했으니까 이만저만한 피바람이 아니었지요."

"이 일로 해서 프랑스함대가 침입해서 병인양요가 일어난 것이지요."

"그 후에도 서소문 밖은 개화파가 일으킨 갑신정변(1884)이 3일 천하로 끝나자 김옥균·박영효 등은 일본으로 망명했지만 미처 피하지 못한 개화파 인물들은 체포되어 이곳에서 처형되었지요."

신축한 중앙일보 사옥 서쪽 모퉁이는 서소문 밖이 되고 이곳을 서소문 네거리로 부른다. 이 네거리에는 쌀을 파는 미전(米廛)이 있었다. 조선시대 중기 이후에는 종로구 공평동 의금부 서쪽, 종로 4가 배우개시장, 서강, 마포 그리고 이 곳 서소문 네거리 등 다섯 곳에서 양곡이 거래되었다.

또한 서소문 네거리 주변과 서소문공원 일대에는 예전에 배가 드나들었기 때문에 농포(農浦)라고 불러왔다. 현재는 개천이 복개되어 믿기는 어렵지만 전일에는 무악에서 시작된 욱천(旭川)이 이곳을 지나 용산강으로 흐르는 것을 볼 수 있었다. 따라서 이 개천을 거슬러 온 배가 어물과 조개 등을 팔았다는 것이다.

전일의 중앙일보 사옥으로 사용했던 뒤쪽에는 대한통운 건물이 있다. 이 건물이 있는 곳은 임진왜란 이후 실시한 대동법에 따라 대동미와 포(布), 전(錢)의 출납을 맡아보던 관아인 선혜청의 새 창고가 넓게 차지하고 있었다. 이에 따라 이 곳은 새창골(新倉洞)·사창동(司倉洞)이라고 불리워 졌다.

이 새창골 북쪽 대로변에는 학다리(鶴橋)가 놓여 있었으므로 학다리골(鶴橋洞)이라고 했다. 현재 서소문동 57번지 일대로 추정되는 이곳은 3개의 높은 빌딩이 세워져 있는데 전에는 경치가 뛰어난 곳으로 알려져 있었다.

이 학다리골에는 조선시대 대표적인 유학자인 퇴계 이황(李滉) 선생이 일시 살았다. 「한경지략(漢京識略)」에 보면 학교(鶴橋)에 사는 이퇴계 선생의 집 뜰안에 수십길이 넘는 늙은 전나무가 자라고 있었다는 것이다. 이 전나무는 임진왜란의 병화(兵禍)에도 상하지 않고 무성했는데 광해군 3년(1611) 봄에 이 전나무가 홀연히 부러진 것이 아닌가. 이를 본 많은 사람들이 고개를 갸웃거리며 이상하게 여겼다.

그 해 여름이 되자 정인홍(鄭仁弘)이 박여량(朴汝樑)을 시켜 이퇴계 선생을 헐뜯어 문묘(文廟)에 두었던 위패를 치우는 변을 당하므로서 늙은 전나무가 부러진 것이 이 일을 뜻하는 조짐으로 여겼다는 것이다.

광 교(廣橋)

선남선녀가 다리밟기하던 다리

종로 네거리 보신각에서 조흥은행 본점으로 가려면 청계천을 건너야 한다. 현재는 복개되어 다리 흔적은 찾아보기가 어렵지만 30여년 전까지도 이곳 서린동 124번지에는 광통교(廣通橋) 또는 대광교·광교가 놓여 있었다. 광통교란 이름은 전일에 이곳을 광통방(廣通坊)이라 했으므로 붙여진 것이다.

광교는 휴전 직후인 1953년부터 1958년까지 청계천 복개 때 자취를 감췄지만 조선시대에는 도성 내에서 가장 큰 다리로 알려져 있다.

광교는 전일에 수표교·소광교와 같이 정월대보름이면 서울의 많은 남녀가 이곳에 모여 답교(踏橋)놀이를 하던 곳으로 유명하였다.

「대동지지(大東地志)」에 보면 이 답교놀이는 중국 연경(燕京)의 풍속으로 조선시대 중종 말기부터 시작되었다고 씌어있다.

정월대보름날에는 통행금지가 해제되었으므로 서울의 여인들은 종각에서 치는 인정 소리에 맞춰 이 다리로 몰려들었다. 이날 12개 다리를 지나다니면 그해 열두달 내내 다리가 아프지 않고 액(厄)도 면한다고 생각하였다.

광교는 조선 건국 초에는 흙으로 만든 토교(土橋)였는데 태종 10년

(1410)에 큰 홍수로 유실되었다. 그러자 의정부(議政府)에서는 광교를 다시 놓기 위하여 태조 이성계의 계비 신덕왕후 강씨의 능인 정릉(貞陵)의 석물(石物)을 사용하여 석교로 만들겠다고 청해오자 이에 태종은 응락하였다.

원래 정릉의 석물들은 당시 전국에서 뛰어난 석공들이 만든 것이므로 조각솜씨 등이 정교하여 문화재로 지정될 만한 것이다. 그러나 태종 때 돌다리를 놓기 위해 쓰였던 석물은 현재 청계천 복개로 콘크리트 밑에 묻혀버려 볼 수 없는 것이 안타깝다.

광교에는 조선초의 성종과 김희동과의 아름다운 이야기가 전해 내려오고 있다.

어느 가을날 달 밝은 밤……

오늘도 미행(微行)을 하기 위해 평복차림으로 대궐을 나온 성종은 무예별감 몇사람을 멀찍이 뒤따르게 하고 어둠에 잠긴 서울거리를 이곳저곳 살피고 다녔다. 마침 광교 위를 지나던 성종은 다리 밑에 인기척이 있어 내려다 보였다.

아직 춥지는 않았으나 밤이 깊어졌는데 다리 밑에 흰옷차림의 어떤 남자가 웅크리고 앉아 있는 것이 보였다. 이상하게 여긴 성종은 다리 아래로 내려가 보기로 하였다.

가까이 가보니 행색이 초라한 시골사람이 앉아 있었다. 등에 보퉁이를 짊어진 그의 나이는 사십여세 되어 보였다.

왕은 그에게

"누구시오."

하고 물으니

그는 몹시 반가운 듯이 바싹 다가오며

"나는 경상도 흥해 땅에서 온 김희동이올시다. 사십이 넘도록 임금님

광교가 있던 자리는 그 위에 큰 사거리가 되었고, 남동 모서리·조흥은행 본점 앞에
모형으로 대신하고 있다.

이 사시는 서울구경을 못했기에 벼르다가 간신히 노자를 변통해서 길을
떠났죠. 수십일만에 겨우 서울에 당도하여 방금 저녁은 사먹었지만 하룻
밤 잘만한 곳을 찾지 못해서 여기 앉아 밤이 새기를 기다리는 중이오”
라고 대답했다. 이어서 그는 왕에게

　“댁은 뉘시기에 이 밤중에 다니시나요. 혹시 임금님이 계신 집을 아시
거든 좀 가르쳐 주시오. 어차피 서울에 올라왔으니 어질고 착하신 우리
임금님을 찾아뵙고 가야겠소.”
하였다. 성종은 그의 너무나 순박하고 어수룩함에 도리어 기특한 생각이
들었다. 그래서 시치미를 떼고 말하기를

　“나는 동관에 사는 이첨지란 사람이오. 임금 계신 곳을 알긴 하오만,
그래 가르쳐 주면 임금님을 뵙고 무슨 말을 하려고 하시오.”

하고 물었다.

이에 시골사람은 히죽이 웃으며

"우리 고을에서는 사람마다 임금님이 어질고 인자하여 백성들이 편하게 잘 산다고 합니다. 내 기왕 상경했으니 어지신 임금님께 인사나 여쭙자는 거지요. 그러나 빈손으로 뵈올 수가 없어 우리 고장에서 나는 해삼과 전복을 조금 짊어지고 왔지요. 이걸 임금님께 드려서 한 때 반찬이나 하시게 하자는 것이오. 그래 댁이 임금님 계신 곳을 아신다니 좀 가르쳐 주시요."

하였다. 그때 무예별감이 가까이 오자, 왕은 가만히 귓속말을 한 다음

"당신이 이 사람을 따라가 머물고 있으면 내가 임금님을 뵈옵도록 해 드리리다."

하며 무예별감을 따라가게 했다. 김희동은

"서울양반은 참 인심도 좋구만."

하면서 무예별감 뒤를 따라갔다. 그 이튿날 왕은 또 미행으로 무예별감 집에 행차하였다. 왕을 본 김희동은 매우 반가와하면서

"이 첨지는 참말 무던한 사람이외다. 처음보는 시골 사람을 잊지 않고 또 찾아주시니……."

"그런데 임금님은 뵙게 될 수 있는지요?"

하고 물었다.

이 무엄한 언사에 무예별감의 주먹은 부르르 떨었으나 왕의 분부가 있었던 만큼 참지 않으면 안되었다.

성종은 웃으면서

"당신의 정성은 무던하오만 벼슬이 없는 사람은 임금님을 뵈옵지 못하는 법이오. 그러니 임금님을 꼭 뵈올려거든 먼저 벼슬 한자리를 원하시구려. 내가 되도록 힘써 볼터이니."

라고 하였다. 김희동은 이 이야기를 듣고

"우리동네 박충의란 사람이 있는데 그 충의란 벼슬 좋습디다. 그렇지만 당신이 무슨 수로 그런 벼슬을 시켜 주실 수 있겠오. 아무래도 임금님을 뵈올수 없다면 그냥 돌아가야 하는데, 수고롭지만 어떻게 연줄이 있거든 이거나 임금님께 전해드려 주시오."

하고 해삼과 전복을 싼 보퉁이를 내어 놓는다.

　왕은 터져 나오는 웃음을 가까스로 참으면서

　"내가 어떻게 해서든지 충의 벼슬을 할 수 있도록 힘써 볼테니 하루만 더 기다려 보오."

하였다. 궁궐로 돌아간 성종은 이조(吏曹)에 명해서 김희동을 충의초사(忠義初仕)로 임명하도록 하였다.

　한편 무예별감 집에서 기다리는 김희동은 무예별감이 갖다주는 영문 모를 사모와 관복을 받았다. 이윽고 김희동은 무예별감에게 안내되어 해삼과 전복을 챙겨들고 대궐로 들어갔다. 그리고 전도관을 따라 왕 앞에 두번 절하고 꿇어 엎드렸다. 그러자

　"네가 임금을 배알하고자 한다 들었다. 내가 바로 임금이다. 어디 고개를 들고 나를 보아라."

하는 명이 내리자, 김희동은 간신히 머리를 들어보니 어찌된 영문일까. 용상에 높이 앉아 있는 이는 바로 이첨지가 아닌가. 김희동은 모르는 사이에

　"아니, 이첨지가 어떻게 여기 있소"

하고 소리쳤다. 그러자 내시와 승지들이 엄숙한 표정으로

　"쉬잇!"

하고 주의를 주었다. 그제서야 김희동은 이틀 밤이나 이야기를 나누던 이첨지가 바로 왕이었던 것을 깨달았다. 그는 너무나 황공하여 몸둘 바를 모르고 당황하다가 해삼과 전복 보따리를 떨어뜨리고 나갔다. 왕은 웃으면서

“저 물건은 고맙게 받아먹을 수 밖에 없다.”
고 말한 뒤 김희동에게 상금을 후하게 내리고 금의환향(錦衣還鄕)도록 하
였다.

제중원(濟衆院)

한국 최초의 서양식 의료기관이 자리한 을지로 2가

종로구 재동의 헌법재판소 자리에는 우리나라 최초의 서양식 근대병원인 왕립(王立) 광혜원(廣惠院)이 있었다.

광혜원은 지금부터 112년 전인 1885년 4월 10일을 기하여 조정에서 종래까지 전염병 환자를 치료하던 동·서 활인원(東·西活人院)과 약을 지급하던 혜민국(惠民局)을 폐쇄함에 따라 이 업무를 맡게 되었다.

그런데 광혜원이 설립된 것은 1884년 갑신정변 때 개화파에게 자상(刺傷)을 입은 민씨일파의 거물인 민영익(閔泳翊)의 적극적인 지원에 힘입은 바가 컸던 것으로 알려져 있다.

민영익이 칼에 맞아 중상을 입어 사경(死境)을 헤맬 때 우리나라에 머물던 미국의 북장로회 파견 선교의사(宣敎醫師) 알렌(安連)박사의 치료를 받아 완쾌되었다.

그러자 알렌박사는 서양의술을 완전히 신봉하게 된 민영익대감을 앞세워 광혜원 설치를 고종에게 적극 건의하였다.

이에 따라 알렌박사는 광혜원의 원장을 맡게되어 본격적인 서양식 의료를 시작하게 되었다.

이 당시 장안에서는

"가회방(嘉會坊) 잿골(齋洞)에 광혜원이란 서양 병원이 생겼다는데?"

"으음, 노랑머리에 파란 눈의 서양사람이 두 귀에 고무줄을 꽂고 가슴을 대보면서 주사를 놓아 병을 잘 고친다는 소문을 들었어. 그런데 칼로 상처를 마구 째고 약을 바른다는데 아파도 어디 겁이 나서 가겠나."

라는 이야기가 오고 갔다.

한편 고종은 2주일 뒤에 백성들의 치료에 공이 크다고 하여 광혜원을 제중원(濟衆院)으로 고치고, 이 병원은 통리교섭아문(統理交涉衙門) 안에 두도록 하였다. 그런데 이 병원을 찾는 환자가 너무 많은데 비해 제중원이 비좁아 이를 감당하기 어려우므로 1887년에 재동에서 한성부 남부 회현방(현재 을지로 2가 한국외환은행 본점 뒤)의 구리개로 이전하였다.

그러나 이 해에 알렌박사가 미국으로 갔다가 귀국하여 미국 공사관 서기관이 되었으므로 제중원 진료에 손을 뗀데다가 2년이 지나면서 국가재정의 궁핍으로 지원이 줄어들자 운영난에 빠졌다. 설상가상으로 1894년 갑오개혁에 의해 제중원의 관제를 폐지하게 되었으므로 이 병원은 미국 북장로회의 후원으로 운영해 나갔다. 제중원은 광무 8년(1904) 9월에 미국인 세브란스(Severance, L. H.)의 도움으로 남대문 밖 도동(挑洞)에 병원을 세워 세브란스라고 이름을 고쳤다.

이 병원에서는 황해도·평안도에서 13세부터 16세까지의 총명한 기생 2,3명을 뽑아 병설(倂設)한 여의원(女醫院)에서 의술을 익히게 하였다.

서대문 역

경인선 개통때 세워진 순화동의 철도역

원래 서울의 철도 시발역은 현재 사적(史蹟) 제 284호로 지정된 서울역
사(驛舍)가 아니었다. 그렇다면 역은 어디에 있었을까.

오늘날 이화여자고등학교 서남쪽의 철도관사(鐵道官舍)가 있는 중구
순화동 1번지 일대에 세워진 서대문 역(西大門驛)이 서울 최초의 철도역
사(驛舍)였다.

당시에 철마(鐵馬)라고 불리었던 철도는 육상 교통의 크나큰 혁명이고,
근대화의 상징이었다. 제1 단계로 인천에서 노량진까지만 개통되었던 경
인선이 1900년에 한강철교가 놓이면서 철도는 서대문역까지 연장된 것
이다.

이때 지어진 서대문역은 4년 후인 1904년 11월에 경부선 철도가 개통
되면서 그 위치가 적합하지 않은 것으로 판단되었다. 이에 한성부에서는
일본의 사주로 남대문 밖 일대의 넓은 지역을 역을 짓기 위한 공공용지
로 지정했다가 주민들의 반발이 거세자 5만평으로 축소한 일이 있다.

그리하여 이듬해 1월 1일에 현 서울역보다 더 남쪽에 새로 역사(驛舍)
를 짓고, '남대문정거장' 이라고 칭하였다. 이때의 남대문 정거장 건물 규
모는 건평이 불과 15평, 즉 $50m^2$ 밖에 되지 않았으니 오늘날 시골의 간이

역 정도였다.

이 남대문 정거장은 일제가 러일 전쟁을 치르면서 경의선을 설치하는 등 침략정책에 요긴하게 이용되었다.

일제는 1914년에 경원선을 개통하고 조선을 만주와 중국대륙 침략의 발판으로 삼기 위해 철도를 이용하게되자 새로운 역사(驛舍)가 절실하게 필요하였다.

이에 일제는 일본인 가본정(嫁本靖)에게 설계를 맡겨 1922년 6월에 현재 위치인 중구 봉래동 2가 122번지에 새로운 역을 착공하였다.

이로부터 3년 뒤인 1925년 9월에 당시 돈으로 94만 5천원을 들여 역이 준공되었다. 설계 당시에는 서울의 인구가 27만여명이었지만 20년 후에 50만명으로 늘어날 것을 예상하여 역을 지은 것이다.

또한 본래의 설계는 그 규모가 훨씬 컸으나 경비 조달문제로 줄였다고 한다. 지하 1층, 지상 2층의 철근 콘크리트 건조물인 르네상스식의 이 역사는 일제 때 경성역(京城驛)으로 불리었지만 광복후 서울역으로 바뀌었고, 1970년대까지도 서울의 명소였다.

조선말에 철도부설권은 세계열강들이 노리던 큰 이권이었다. 결국 이 이권은 고종이 아관파천(俄館播遷) 때 미국인 모어스에게 주어졌다. 이 이권이 모어스에게 주어진 것은 알렌 미국공사가 막후에서 주선한 것으로 알려져 있다.

이리하여 모어스는 친구 타운센트와 같이 철도 회사를 세우고 서울과 인천간의 선로 측량에 착수하여 1897년 3월 22일 인천 우각리에서 한국인 인부 3백 50명을 모아 놓고 기공식을 올렸다. 그러자 한국을 삼키려던 일제는 크게 당황하고 초조하였다.

그러나 일제는 모어스가 자금난(資金難)에 빠지자 집요한 매수공작(買收工作)으로 3개월 만에 그 권리를 양도 받을 수 있었다.

모어스는 부설권은 양도했으나 공사는 18개월 간에 완공시켜 인계하

서울의 명소인 서울역, 서대문역 · 남대문역을 이어 받았다.

기로 되어 있었다. 그러나 의견 충돌로 1898년 12월에 손을 떼었다. 일제는 1899년 4월 8일에 공사를 재개하여 그해 9월 18일에 인천과 노량진 간의 철도를 개통하였다.

이어서 1900년 11월 12일에 한강철교가 가설되면서 서울과 인천간의 경인선이 완전히 개통되었다.

경인선 개통 초창기에는 한국인의 전통적인 관념과 배일감정(排日感情) 때문에 철도를 이용하지 않고 종래의 육상교통이나 시간이 많이 걸리는 배를 타고 여행하였다.

이리하여 초창기에는 하루에 두번 왕복하는 기차에 겨우 20명의 승객이 이용해 적자를 면치 못했다. 당시 서울에서 인천까지의 기차요금은 1등석이 1원 50전, 2등석이 80전, 3등석이 40전이었다.

경성 방송국

정동 언덕 위에 세워진 최초의 방송국

우리나라에서 최초로 전파가 발사되어 라디오 방송을 듣게 된 것은 지금부터 73년전의 일이다.

일제침략기인 1924년 11월부터 시험전파(試驗電波)를 발사한 경성방송국(京城放送局)은 2년간 시험방송을 내보냈다. 이 당시 경성방송국은 사단법인으로서 일제의 홍보기관이었다.

경성방송국은 1926년 6월 7일에 현재 덕수초등학교 운동장 남동쪽(중구 정동 1번지 10호) 언덕 위에 건물을 짓기 시작하였고, 커다란 송신철탑(送信鐵塔)을 세우고 근대식 양옥 2층의 건물을 완공한 것은 6개월이 지난 12월 5일이었다. 경성 방송국이 들어선 190평의 이 대지는 이왕직(李王職)에서 빌린 것으로 여기에 본관 2층 254평을 짓고 부속 건물 36평을 지었던 것이다.

본관 2층에는 방송실 2개가 있었는데 이 방의 내부에는 음(音)의 반향을 막기 위해 천장에는 두터운 천, 바닥에는 융단을 깔아 놓았다. 그런데 겨울에는 난방을 위해 라디에터를 설치했지만 여름에는 냉방시설을 할 수 없어 방안에 높이 1m, 폭 60cm, 두께 40cm 정도의 얼음덩어리를 놓아 방안의 온도를 낮추는 방법을 사용하기도 하였다.

경성방송국의 설립 초창기에는 수시로 명월관(明月館)의 아리따운 기생들이 드나들었다. 이는 연예방송시간의 창(唱)이나 민요를 부르기 위해서 출연한 것이다. 그런데 이들은 방송국에 도착하면 먼저 조정실부터 들려 교태를 부리며 인사를 한 뒤 기술조정을 잘해서 자기 노래가 방송될 때 멋지게 방송되도록 부탁하였다.

그리고 기술자들에게

"방송이 끝난 후에 명월관으로 찾아오면 한상 잘 차려 대접하겠어요."라는 말을 잊지 않았다. 그러나 당시의 방송기계는 오늘날과 같이 음질 조정이 불가능하여 기생들의 부탁은 들어 줄 수 없었다.

1945년 8월 15일.

이 날 경성 중앙 방송국은 아연 긴장해 있었다. 그것은 다름이 아니라 "이날 정오에 중대 방송이 있을 예정이니 동경 방송을 녹음하라."는 지시가 있었기 때문이다.

이날 따라 기상(氣象)이 좋지 못해 모든 전파의 수신상태와 해저전선(海底電線)에 의한 중계선로(中繼線路) 상태마저 나빴으므로 할 수 없이 단파 방송을 수신해서 녹음하게 되었다. 이날 동경 방송은 지루할 정도로 오랫동안 예고방송을 내보낸 끝에 정오가 되자 일본천황의 떨리는 듯한 목소리의 항복 방송이 있었다.

경성중앙 방송국은 이 방송을 16개의 지방 방송국에 무선으로 중계하는 한편 정동연주소(貞洞演奏所)에서 녹음하였다. 그리고 국내에는 12시 30분부터 녹음 방송을 시작하였다. 그러나 상태가 불량하여 알아 듣기 힘들었다. 그리하여 경성중앙 방송국 한국인 직원은 그날 밤 9시 30분 방송에서 천황의 항복 수락을 방송한 다음에 그 내용을 우리말로 바꾸고 아나운서가 포츠담 선언에 관해 해설함으로써 경성 중앙방송국은 일제의 홍보기관을 탈피하여 민족의 방송으로서 새출발하였다.

이때까지 한국인들은 포츠담 선언이 어떤 내용인지 잘 모르고 있었는데 이날 일본이 항복을 수락하게 된 배경과 내용을 상세하게 해설방송을 해줌으로써 광복을 더욱 실감할 수 있었다.

한편 경성 중앙방송국은 9월 8일에 미군이 인천에 상륙하는 장면을 실황중계를 하고자 그 전날에 내려갔으나 현지 사정으로 그 상황을 녹음만 해서 서울로 돌아와 방송을 내보냈다.

이리하여 광복 후 최초의 우리말 실황중계 방송은 9월 9일 서울역 앞의 구 세브란스 병원 근처에서 미군의 서울입성 장면이 되고 말았다.

또한 이날 오후에 조선총독부 건물(구 국립 중앙박물관)에서 일본군의 항복조인식 광경을 중계방송한 것은 매우 뜻깊은 일이었다.

노인정(老人亭)

조선 · 일본간의 노인정회담이 열린 필동 2가 남산 기슭

오늘날 서울 각 동에는 노인을 위한 경로당(敬老堂), 또는 노인정이 세워져 있다. 그런데 조선말에 일본이 갑오개혁을 강요한 노인정은 중구 필동 2가 134번지 2호에 있었다. 현재 대한극장 남쪽에는 미주아파트가 있고 이를 지나 남산기슭으로 오르면 느티나무 고목이 있는 한옥집이 나타나는데 이 곳이 노인정 터이다. 물론 노인정은 흔적도 없지만 서쪽 바위 벽에 '趙氏老基(조씨노기)'란 넉자가 크게 새겨져 있다.

노인정이라고 이름이 유래하게 된 것은 조선말기에 이 곳에는 많은 노인이 항상 모여 한가한 시간을 보냈기 때문이다.

원래 이 정자는 조선말 헌종 때 세도정치를 했던 풍양조씨(豊壤趙氏)의 거두 조만영(趙萬永)이 세운 것이다. 그 뒤 그의 후손이 대대로 이곳을 지키며 정자 뒤 바위에 '趙氏老基(조씨노기)'라고 새겼다고 전해온다.

조만영은 그의 딸(趙大妃)이 익종(翼宗)의 왕비가 되고 그가 낳은 헌종이 왕위에 오르자 동생인 조인영(趙寅永)과 함께 안동김씨(安東金氏)에 대립하여 세도정치를 한 인물이다.

노인정이 있던 이 마을은 전일에 팽나무가 많이 자라 팽나무골 또는 팽목동(彭木洞)이라 하였다. 또한 골이 깊고 음침하여 도깨비가 많이 출

몰하였으므로 '도깨비골'이라고 부르기도 했다. 그래서 서울의 한량(閑良)들이 모이면 밤에 이 도깨비골을 다녀 오면 술을 사주는 내기를 걸곤 했다는 이야기가 전해온다.

한편 이 노인정에서는 청일전쟁(1894~1895)이 일어나기 2개월 전, 일본의 강요로 조선대표 신정희(申正熙)와 일본의 오오토리(大鳥圭介)공사 간에 회담이 진행되었던 역사적 사건이 있었다.

당시 민씨정권이 동학농민군을 진압하기 위해 청나라 군대를 요청하자 일본은 천진조약을 빌미로 조선에 대한 침략야욕을 성취하기 위해 일본군을 대대적으로 파병하였다.

이에 일본과 청나라는 조선을 점유하기 위한 전쟁이 불가피했다. 우선 일본은 청나라에 대해 조선의 내정개혁을 공동으로 추진하자고 제의했다가 거절 당하자 서울에 주둔하고 있는 일본군의 무력을 바탕으로 단독으로 추진하기로 하였다.

즉 갑오년(1894) 6월 1일 오오토리 공사는 본국정부의 훈령대로 5개조의 내정개혁안을 조선정부에 제시하고 6일 정오까지 회답을 요구하였다.

조선 정부는 부득이 신정희 등 3명을 위원으로 임명하여 회담에 참여키로 통보하였다. 고종은 이 날 이제까지의 폐단을 없애고 자주적으로 내정을 개혁하겠다는 전교(傳敎)를 내렸다.

이와 같은 일본의 강압적인 위협 속에 6월 8일, 이 곳 노인정에서 두 나라 대표가 회담을 하게 되었으니 이른바 '노인정회담'이다.

이 회담에서 오오토리 공사는 조선의 모든 분야를 10일 이내에서 2년 이내에 개혁 할 것을 요구하자 조선 대표는 내정간섭이라 하여 완강히 거부하였다.

6월 21일.

일본군은 남산에 설치한 포대(砲臺)의 포구를 경복궁을 향하여 조준하고 1개 연대 이상의 병력이 경복궁을 포위, 점령한 뒤 민씨정권을 해체

시킨 다음 친일 내각을 구성하였다.

이에 조선 정부는 군국기무처(軍國機務處)를 설치하여 6개월동안 근대적인 개혁조치를 단행한 것이 갑오개혁(甲午改革)이다. 이로써 일본은 조선의 정치·경제적 침투가 용이하게 되고, 각종 이권을 차지할 수 있게 되었다.

갑오개혁은 일본의 강요로 시행되었지만 개혁내용은 10년 전의 갑신정변과 동학농민전쟁에서 시도한 개혁의지가 반영되어 있다.

우물과 약수

중구에 있었던 유명한 우물과 약수

조선말까지만 해도 우리나라는 인구가 과밀하지 않고 가내수공업이 영위되었으므로 환경 파괴나 공해 문제가 심각하지 않아 음용수(飮用水)가 사회문제로 대두되지는 않았다. 다만 이따금씩 찾아오는 가뭄으로 음용수 확보가 어려웠을 뿐이었다. 인간이 살아가는데에 깨끗한 공기와 물이 절대적으로 필요한 것은 두말할 나위가 없다.

한반도는 유럽과 달리 아시아의 몬순(Monson) 기후이므로 여름에는 무덥고 강우가 집중되어 6·7·8월 3개월간 1년 강수량의 60퍼센트가 내리므로 홍수가 연례행사처럼 발생하였다. 이로 인해 하천이 흐르고 지하수가 고여 생활용수를 얻을 수 있었으므로 조선시대 서울은 유럽 각국과 같이 급수를 위한 수도 시설을 만들 필요가 없었다.

조선 초 세종 때 10만 9,372명이었던 서울 인구는 300여년이 지난 숙종 때 이르러 당시로서는 세계적인 대도시의 인구로 볼 수 있는 23만 8,119명이 되었는데도 인공의 수도시설을 갖추지 않은 채 음용수 공급은 우물이나 하천수로서 가능하였던 것이다.

3국시대 이래 한반도에는 가뭄과 수해가 번갈아 내습하여 사람들에게 고통을 안겨 주었다. 「고려사(高麗史)」에 보면 기우제에 대한 기록이 많아서 태조 17년(934)부터 공양왕 3년(1391)까지 457년동안 323여 차례의 가뭄이 들어 기우제를 지냈다.

그리고 조선시대 태종 7년(1407)부터 철종 10년(1859)까지 450여년간 전국적으로 가뭄이 101회나 있었던 것으로 나타나고, 「경성부사(京城府史)」에 보면 조선 태종 15년(1415)부터 고종 25년(1888)까지 470여년간 68회나 가뭄이 있었던 것으로 조사되어 있다.

조선후기 인조 7년(1629)에는 '여름 가뭄이 호서·호남지방의 서쪽지역이 특히 심하여 사람들이 물을 마시지 못하므로 무명 1필로 겨우 물다섯 사발 내지 여섯 사발을 바꿀 수 있었다'고 하니 가뭄의 정도를 짐작할 수 있다. 오늘날처럼 대량의 물을 저수(貯水)하고 관리하지 못했던 까닭에 그 때마다 음용수 등 생활용수가 부족하여 원거리에서 물을 길어다 먹는 서울 시민들의 고통은 매우 심했을 것으로 추측된다.

우물

조선 초에 태종은 개경에서 한양으로 재천도한 이후 거의 매년 4, 5월이면 가뭄이 들어 음용수가 부족했으므로, 태종 15년(1415)에 생활용수 해결을 위해 성안은 매 5호마다 1개씩의 공동 우물을 파도록 명하였다.

음용수를 얻기 위해 땅을 파서 지하수를 괴게 한 시설이 우물이다. 우물에는 땅을 파서 물이 괴게 하는 토정(土井)과 바위 틈 사이로 솟거나 흐르는 물을 고이게 하는 석정(石井)이 있다. 흔히 솟아서 괴는 물이 높은 곳에 있으면 통나무를 세로로 반으로 잘라 홈을 판 수통(楒)을 설치하는 상수도 시설을 하여 낮은 지역의 사찰이나 정자, 살림집에 급수할 수 있게 하였다.

우리 민족의 건국 신화 중에 나정(蘿井)과 알영정(閼英井)에서의 혁거세왕과 알영왕후의 탄강신화(誕降神話)가 큰 우물(大井)이 배경인 점만 보아도 우물의 기원은 오래 되었음을 알 수 있다. 현재 송파구 방이동의 몽촌토성과 전라남도 승주군의 낙안읍성(樂安邑城)은 보존이 잘 되어 있는 편인데 성의 방어를 위해 우물물의 수원이 부족될 것을 우려하여 상류의 수로를 끌어 들여 성 외곽에 해자(垓字)를 만들고 성 안의 생활용수를 확보한 것으로 볼 수 있다.

「증보문헌비고(增補文獻備考)」에 보면 143개의 읍성에 대한 현황 조사 중에서 샘, 우물, 시내, 연못 등의 수효가 명시되어 있고, 「북한지(北漢誌)」에는 조선시대 북한산성 내에 우물 99개소가 있었다 한다. 또한 '못(池) 26개소가 있는데 11개소를 훈련도감이 관리하고, 12개소는 어영청이, 3개소는 금위영이 관리한다'라고 소개되어 있다. 「남한지(南漢誌)」에는 남한산성 내에 우물 6개소가 있고 시내가 있는 것으로 나타난다.

옛 사람들은 우물을 용궁에 드나드는 출입구로 인식한 까닭에 고려 때 개성의 한우물(大井)은 현인들이 서해 용궁에 드나들던 출입구로 이용되었다는 설화가 있다. 그리고 오래 전부터 마을에 따라 공동우물을 새로 만들거나 보수, 관리하기 위하여 우물을 사용하는 모든 집이 우물계(井契)를 조직한 뒤 1년을 단위로 집집마다 돌아가면서 계(契)의 실무대표를 맡아 보았다.

우리나라는 지역에 따라 음용수를 얻기 위해 우물을 파지 않고 하천수나 계곡물을 이용하기도 했는데 서울은 사면이 산악과 구릉으로 둘러싸여 계곡 물이 넉넉하게 흐르고 한강을 끼고 있어서 비교적 많은 사람들의 식수를 공급할 수 있는 지형이므로 조선왕조가 이곳에 도읍을 정했던 것으로 본다.

그러나 주택 위치상 계곡 물이나 한강 물을 길어다 먹을 수 없는 관계로 왕실이나 관아 및 민가들은 15~20척 정도 땅을 파서 우물을 만들어 생활용수를 삼았다. 그런데 가뭄이 심하면 우물물이 고갈되는 현상이 일어났다. 우물 중에는 지하수맥(地下水脈)을 바로 뚫어 흔히 '7년 대한(大

루)에도 마르지 않는 우물'도 있었지만 대부분의 우물은 3, 4개월간 비가 내리지 않으면 모두 고갈되어 먼 거리에 있는 우물이나 계곡 물을 길어 와야 하였다.

개항 후에 조선을 찾은 외국인들은 한국인들이 우물물을 식수로 사용하는 것에 모두 놀라고 있는 것이 그들의 견문기에 씌어 있다.

헐버트(H. B. Hulbert)는

서울사람은 이웃에 있는 초라한 우물물을 사용하는데 이에 관해서는 아예 언급하지 않는 것이 좋겠다. 한국인들은 우물의 바로 옆에서 흙묻은 옷을 빠는 것을 조금도 주저하지 않으니 그 구정물은 다시 우물로 다시 흘러들어 간다. 그리고 일반적으로 우물 옆에서 채소나 그 밖의 여러 가지 물건들을 씻는다. 이리하여 우물은 위생이라는 것과는 거리가 머니 우리들은 이같은 환경에서 때때로 일어나는 콜레라나 그 밖의 전염병의 원인을 찾지 않을 수 없다. 이런 상태에서 대도시에 물을 공급한다는 일이 쉬운 일이 아니다.

라고 써놓았다.

서울의 우물 수질은 일반적으로 맑고 물맛이 좋았다. 1912년말 현재의 조사에 의하면 당시 서울의 상수도 사용 호수는 1만 8,033호(한국인 1만 13호, 일본인 7,891호, 기타 외국인 39호)로서 총호수에 대한 급수율이 32.1퍼센트였으며 우물 사용호수가 3만 8호로서 53.4퍼센트, 하천수 8,107호로서 14.4퍼센트를 각각 점하였다.

현재 서울에는 많은 사람들이 거주하게 되면서 우물이 오염되어 사용하지 않거나 수도물 보급으로 없어진 것이 대부분이어서 찾아보기가 어렵다. 그러나 광복 이전에는 서울 4대문 안에 수도가 보급되어 우물물을 사용하지 않았으나 1960년대까지만 하여도 4대문 밖은 수도가 별로 보급되지 않아 우물이나 펌프 물과 같은 지하수를 식용수로 사용하였다. 우물은 두레박을 이용하여 직접 퍼올리거나 도르레를 사용하여 퍼올리기도 하였다.

현재 중구 지역의 우물 중에 널리 알려진 우물로는 충무로 진고개에 굴우물(窟井)이 유명하였다. 이 굴우물은 깊고 또 우물 안에 굴이 있었으므로 한자로 굴정(窟井)이라 하였다. 「한경지략(漢京識略)」에도 '굴정은 남부 진고개〔泥峴〕에 있는데 우물이 깊고 굴이 있었기 때문에 그 명칭이 유래되었다'고 하였다. 굴정은 처음부터 우물로 사용했던 곳이 아니고 자연스레 노출된 샘물 같은 것이었다.

이를 처음 발견하여 만든 사람은 인조 때 지봉 이수광(李晬光)의 아들인 동주 이민구(李敏求 : 1589~1670)였다. 그가 13세 때인 선조 30년(1601)에 진고개 길가에서 놀다가 돌 밑에 샘물이 흘러 나오는 것을 보고 동리 아이들을 모아 이 돌을 치우고 샘을 만들었다.

그리고 저동 1가와 을지로 2가에 걸쳐서는 실우물(絲井)이 있었다. 깊지 않은 우물로 바가지로 퍼낼 수 있지만 물줄기가 워낙 가늘어 실날 같이 물이 흘러 나오므로 한참을 기다려야 물이 고였으므로 이름을 실우물 혹은 사정(絲井)이라 붙였으며 실우물이 있는 마을이라는 뜻의 이름으로 사정동(絲井洞)이라 하였다.

남산동 2가에는 허정(許井)으로 불리우는 우물이 있었는데 이는 옛날 남산 위에 있던 목멱신사에 제사드릴 때 쓰던 우물이라고 하며, 이곳에는 묘소에 세우는 것과 같은 석인상(石人像)이 있었다고 한다. 허정이라는 명칭은 조선 정조 때 허씨(許氏)성을 가진 관원이 그 곁에 살았으므로 얻어진 것이라고 한다.

그리고 예장동에는 남산 정상의 국사당에서 제사 지낼 때 사용하던 성재정(聖齋井)이 있었고, 충무로 3가·초동·을지로 3가에 걸쳐 있는 초전(草廛)골에는 우물의 물맛이 맵고 톡 쏘는 것이 후추를 탄 것 같은 후추우물이 있었는데 이를 한자로 고친 것이 초정(椒井)이었다. 이 후추우물은 위장병에 특효라 하여 오랫동안 많은 사람들이 마셔 왔으나 1906년에 충무로 2가의 진고개(泥峴)를 8척 가량 낮추고, 높이 5척이나 되는 방추형 수멍을 묻고 난 다음부터는 물빛이 흐려지더니 맛도 보통 물처럼 되어서 효능이 없어졌다 한다.

또한 을지로 4가와 인현동 2가에 걸쳐서는 우물 뚜껑을 넓은 판자로 씌워 놓아 널우물이라 하는 우물이 있었고, 인현동 2가와 을지로 4가에 걸쳐서는 우물 속의 모양이 마치 돌절구처럼 생긴 우물이 있어서 독우물이라는 이름이 붙여졌다. 일제 초만 하더라도 널우물은 젊은 사람이, 독우물은 나이든 사람들이 자주 이용했으며 특히 홀로 된 부인들은 밤중에 독우물물을 길어가야 한다는 불문율이 정해져 있어서 어둠이 내린 밤거리에 물항아리를 이고 모여드는 과부들로 항상 북적거렸다.

중림동 서북쪽에는 조선 선조 때 한림골에 살던 이정암(李廷馣)·정형(廷馨)·정겸(廷馦) 3형제가 한림 벼슬을 지냈으므로 그 미담 때문에 형제우물(兄弟井)이라고 붙여진 우물도 있었다.

의주로 2가의 개정동(蓋井洞)에는 뚜께우물이 있었다. 헌 다리 앞 참터 근방에 있던 이 우물은 크고 깊을 뿐만 아니라 물이 많이 나서 늘 흘러 내리므로 한번도 품어 보지 못하였다고 하는데, 이 우물은 뚜껑을 늘 덮어두고 사형을 집행하는 망나니가 사람을 죽일 때 뚜껑을 열고 칼을 씻는데 사용하였다.

의주로 2가·미근동·충정로 2가·의주로 1가에 걸쳐서는 초리우물 (楚里井)이 있어서 미정동(尾井洞)·미동(尾洞)으로 부르던 것이 음이 변해 미동(渼洞)이 되었다. 이 우물은 샘솟아 오르는 본래의 우물 외에 물이 흘러내리는 지점에 작은 샘이 또 하나 있으므로 그 작은 샘을 꼬리우물이라 불렀으며 대개 허드렛물로 사용하였다. 꼬리우물을 서울지방 사투리로 쓴 것이 초리우물이다. 물맛이 달고 차가와 염색하는 데 좋으므로 쪽물 들이는 사람들이 주변에 많이 살았다.

「한경지략(漢京識略)」에 보면 을지로 6가에 위치한 훈련원 내에 복정 (福井), 또는 통정(桶井)이 있었다고 한다. 이 우물은

물맛이 달고 차가우며 겨울에는 덥고 여름에는 찬데 가물거나 장마거나 더하지도 덜하지도 않는다. 서울에서는 제일 좋은 샘물이다. 이 샘물을 처음 발견할 때에 큰 버드나무 뿌리 밑에 수맥이 있어서 그 뿌리를 깎아내고 우물을 만들었다. 마치 밑없는 나무통을 묻은 것 같으므로 이름을 桶井(통정)이라 하였다. 그 통만은 여태껏 우물 밑에서 썩지 않고 있으니 이것 역시 기이한 일이다.

라고 하였다. 회현동 2가에 있던 박우물(朴井)은 우물이 깊지 않아서 바가지로 물을 퍼 올릴 수 있어서 생긴 이름으로 물이 맑고 차가와서 약을 달이는 데에 좋았다.

약수

고형물질인 광물성물질, 방사성물질이나 가스성물질 등이 함유되어 땅속에서 솟아나는 샘을 광천(鑛泉)이라 하고, 광천 중에서 인체에 유익한 물질이 녹아 있어 마셔서 좋은 물을 약수라고 규정하고 있다.

1902년에 서울에 관해 쓴 독일인 에쏜 써드(Esson Third)는 「서울, 한

서울 성안의 사람은 15~20척 밑에서 나오는 물을 식수로 사용할 뿐만 아니라 이것을 장명영약(長命靈藥)인 '약수'라고까지 한다. 우리 유럽인들은 이런 물을 식수로 사용한다는 것은 상상할 수도 없고 아마도 법으로 금했을 것이다.

라고 기이한 풍경으로 보았다.

우리나라는 약수에 대한 집착이 다른 어느 국가보다 더 강하다. 서울 상수도의 취수원인 한강이 1960년 이후부터 오염되기 시작하자 생활수준의 향상과 건강 관리에 대한 관심이 고조되면서 수도물 대신 지하수나 바위틈에서 흘러나오는 무공해 생수를 약수로 여겨 이를 찾는 사람들이 부쩍 많아졌다. '약수'라는 낱말은 한민족에게도 있고 한문에도 있지만 '온천의 나라'인 때문인지는 모르지만 이상하게도 일본말에는 없다.

바위 틈에서 흘러내리는 이 약수는 대개 칼륨·칼슘·라듐·황산염·규산·나트륨·마그네슘·철분 등 약간의 광물질이 함유되어 인체에 유익할 수 있고 극히 차고 달아서 마시는 사람들의 기분을 상쾌하게 해 주는 동시에 체내에 독물을 배설시킨다고 하는데 이는 현대의 의학에서도 쉽사리 무시해서는 안될 것이다.

그러나 흔히 약수터에는 효험·약효 등을 미화, 과장하려는 경향이 있으며 소화불량·위장병에 효험이 있다는 것이 가장 많고, 피부병·신경통·안질·빈혈증·만성부인병 등에 약효가 있다고 전해 온다.

1960년 이전까지 서울사람들의 여가 선용이라야 극장, 운동경기 관람, 고궁 입장, 한강에서의 수영 등이지만 특히 삼복 더위 때에는 부모가 어린 자녀들의 손을 잡고 근처의 약수터에 찾아가 약수 한 바가지 떠먹는 것이 큰 즐거움이었다. 전일의 약수터는 기원의 장소여서 소원을 빌고가

남산 공명골에 있는 부엉바위 약수 또는 범바위 약수는 지금도 유명한 약수터로 맑고 시원한 샘물이 솟는다.

는 여인들의 발길이 잦았고, 무녀(巫女)가 이 약수를 정화수(井華水)로 삼아 촛불을 켜 놓고 치성드리는 모습을 흔히 볼 수 있었다.

약수터는 사람들이 모여드는 곳이므로 비밀 모의를 하는 사람들이 약수를 먹으러 온 것처럼 위장하여 접선하고 정보를 교환하는 곳이기도 하였다. 또 약물을 찾아드는 사람은 남녀 노소 구분없이 모여드는 곳이므로 옛날에는 젊은 남녀들의 데이트 장소로 이용되기도 하였다. 서울에는 많은 약수가 있었으나 최근 도시 개발로 인해 수맥이 끊기고 주택이 밀집되므로서 오염되어 그 기능을 발휘하지 못하고 있다.

서울의 많은 약수 중에는 첫 손을 꼽는 것은 중구 예장동 산 5번지, 남산 공명(孔明)골에 있는 '부엉바위 약수' 또는 '범바위 약수'이다. '휴암(鵂岩)약수'라고 한자로 표기하는 이 약수는 절벽 사이를 흘러내려 맛이 매우 좋고 위장병에 특효가 있었다고 전한다. 여름철에는 피서를 하거나 산책하는 사람들의 발길이 끊이지 않았으며, 석간수(石澗水) 위에 걸쳐 지은 천석각(泉石閣)이라는 누각은 피서하기에 아주 좋은 곳으로 이름나 있었다. 옛 문헌에도 이러한 사실들을 기록하여 '휴암천은 목멱산 아래 있고 삼아동(三丫洞)의 물맛도 달고 차다'고 하였다. 이 외에도 서울 중구 에는 많은 약수가 있었다.

약수 이름	위 치	유 래 및 특 징
복천(福泉) 약물	중구 예장동 남산	—
잠두(蠶頭) 약수	중구 회현동 1가 산 1번지	—
장충단 약수	중구 장충단 공원 부근	위장병에 특효하며 용출량(湧出量) 2석(石) 8두(斗), 음용자 150명
신당리(新堂里) 약수	중구 신당동	소화기병에 특효
용암(龍岩) 약수	중구 회현동 1가	—

장충단(獎忠壇)

조선말에 순국한 충신들을 제사하던 제단

남산의 동쪽 봉우리를 종남산(終南山)이라고 흔히 부른다. 이 산기슭 아래 장충단 공원은 남산의 맑은 물이 흐르고 있어 옛부터 서울 사람들이 많이 찾던 곳이다. 특히 이 부근의 '버터약수'는 위장병에 좋다하여 유명하였다.

이 곳에 공원을 만든 것은 지금으로부터 78년 전 일이다. 그 당시 일제(日帝)는 경성부(京城府)로 하여금 우리의 민족혼을 말살하기 위해 장충단을 폐하고 일본식 공원을 만들었다.

원래 장충단은 19세기 말엽 외국 세력이 침입하여 풍운이 감돌던 조선 말기에 세워졌다. 즉, 국가에 충성을 다하다가 목숨을 바친 충신들의 제사를 받들던 제단이었다.

장충단을 세우게 된 직접적인 사건은 을미사변(乙未事變)이다. 지금으로부터 102년 전 을미년 8월 20일 새벽.

미우라(三浦) 일본 공사는 명성왕후 민비(閔妃)를 시해(弑害)하기 위해 대원군을 앞세운 다음 일본 불량배들을 이끌고 경복궁에 난입하였다.

일본 불량배들은 민간인 복장이나 한국 훈련대 복장으로 변장하여 그들의 흉계를 감추려고 하였다.

홍계훈(洪啓薰) 궁성 수비대장은 이날 새벽, 경복궁에 밀려드는 난군들의 포성을 듣고 변란이 일어난 것을 알았다. 그는 군부대신 안경수(安駉壽)와 함께 1개 중대의 시위대 병력을 이끌고 허둥지둥 광화문에 도착하였다.

홍계훈은 광화문에 도착하는 즉시 난군이 침입하는 것을 막기 위해 문을 가로막았다. 칼을 빼어든 그는,

"웬 놈들이냐 썩 물러가라"

고 난군들을 호령하였다.

이 호통에 일본 불량배들과 난군들은 잠시 멈칫거렸다. 그러나 이들은 문을 막아 선 홍계훈에게 집중 사격을 가하면서 밀고 들어왔다. 홍계훈은 6발의 총을 맞고 칼로 난자 당해 몸은 두동강이 났다.

또한 이경식(李耕植) 궁내대신은 이날 밤 궁중에서 숙직을 맡고 있었다. 그런데 새벽 3시경 궁궐 밖이 소란하더니 곧 일본 불량배들이 건청전(乾淸殿) 내의 왕과 왕비의 침소를 침입했다. 이때 왕을 호위하던 신하들은 모두 피신해 버렸는데 이들은 왕과 세자를 끌어내어 위협하였다. 그러나 이경식은 왕의 신변을 끝내 보호하려다 그 자리에서 살해당하고 말았다.

이들은 밀실을 샅샅이 뒤져 궁녀들을 위협하고 드디어 민비(閔妃)를 찾아내었다. 그리고는 민비를 등 뒤에서 칼로 허리를 난도질하여 살해하고 우물에 던졌다가 다시 끌어내었다. 그리고 비단이불에 싸서 송판에 옮겨 경복궁 후원 숲속에서 석유를 뿌린 다음 불에 태워서 산속에 묻어 버렸다.

일본의 이 만행에 온 국민이 분노로 치를 떨었던 것은 물론이다.

이로부터 5년 후 고종황제는 을미사변때 끝까지 난군들을 막다가 목숨을 잃은 홍계훈, 이경식 외에 희생된 장병들의 영혼을 배향하도록 조칙을 내렸다.

고종 황제가 친히 단의 이름을 짓고 글씨를 비석에 썼다.

이에 조정에서는 사당을 건립하는 계획서와 단(壇)을 설치하는 두가지 계획서를 황제에게 올렸다. 고종황제는 단을 설치하되 1년에 봄 가을로 두 번 제사를 지내게 하였다. 그리고 친히 이 단의 이름을 '獎忠壇'(장충단)이라 짓고 글씨를 비석에 썼다.

장충단을 설치한 지 얼마 후 육군법원장 백성기(白性基)가 고종황제에게 아뢰기를,

"폐하, 신의 생각으로는 임오군란과 갑신정변 때 순직한 문관들도 그 영혼을 장충단에 모시는 것이 타당할 줄로 아옵니다."

하자 고종은 고개를 끄덕이며,

"충의를 표창하고 절개를 장려하는 것에 어찌 문무를 구별할 것이냐. 경의 의견이 자못 이치에 합당하니, 이 일을 장례원(掌隷院)으로 하여금 처리케 하리라."

하였다.

이에 장충단 신위는 늘어났다. 이 곳에 모신 신위는 대부분 항일 인물이었으므로 장충단 제사는 장병들의 사기를 높여 주었다. 그리고 제사 때는 군악을 연주하고 조총(弔銃)도 쏘았다.

그 후 일제는 을사조약 체결로 한국의 외교권을 빼앗은 다음 장충단의 제사를 폐하고 이 비석을 남산 숲속에 버렸으며, 3·1운동 직후에는 이 곳에 장충단 공원을 만들었다. 공원에는 벚꽃 수천 그루를 심고 광장을 만들어 일본인 기념비를 세웠다. 그 뿐만 아니라 상해사변 때 결사대로 죽은 일본군의 육탄 삼용사 동상을 건립하는 것도 서슴치 않았다.

금띠 솔

어린 연산군이 놀던 소나무가 있던 순화동 일대

오늘날 염천교에서 의주로를 건너면 남대문으로 나갈 수 있는 한가닥 길이 뚫려있다. 이 길 왼쪽 순화동 지역은 재개발지역의 주택가인데 이 곳은 조선초에 방범을 위해 야경순찰을 맡은 관아인 순청(巡廳)이 있었으므로 흔히 순청골·순랏골이라고 칭하였다.

이 순청골에는 '대부송(大夫松)'이라는 소나무가 있었는데 이를 일명 '금띠 솔'이라고 하였다. '금띠 솔'이 있었던 곳은 조선초 성종 때 종1품 찬성(贊成)을 지낸 강희맹(姜希孟)의 정원이었다.

조선시대에 왕실에서 어린 왕자가 아프면 민가로 거처를 옮겨 병을 고치는 풍습이 있었다. 이것은 궁중에 원한을 품은 망령(亡靈)의 소치로 보았기 때문에 비롯된 것으로 보인다.

조선초 성종 9년에 원자(元子 : 후일 연산군)가 병이 나자 민가에 옮기도록 하명하고 그 옮길 곳을 승정원에서 정하도록 했다.

승정원이 당시 부인의 행실이 이름난 장상(將相)의 집 가운데에 몇 곳을 골라 올리자 성종은 그 중에서 강희맹의 집을 택하였다. 강희맹 부인의 법도가 소문 나있었기 때문에 정한 것이다.

강희맹 부인이 방의 춥고 따뜻함을 조절하고, 젖을 알맞게 먹이자 10

소나무는 보이지 않고 회나무가 대신하고 있다.

여일이 못되어 원자는 건강해졌다. 그런데 건강을 회복하던 어느날, 원자가 방바닥에 있던 실꾸리를 집어 삼키는 바람에 목구멍이 막혀 매우 위급하게 되었다.

원자를 돌보던 시종자들은 너무 당황해서 어찌할 바를 모르고 울부짖기만 했다. 이때 부인이 급히 달려와서 이를 보고

"어찌 물건을 삼킨 어린이를 눕혀 물건이 더욱 깊이 들어가게 하느냐."

하며 안아 일으킨 후 유모를 시켜 양편 귀 밑을 껴잡게 하였다. 그리고 나서 부인이 손가락으로 실꾸리를 뽑아내자 원자가 기운이 통하여 소리

내어 울었다. 여러 시종들은 부인에게 머리를 조아리며 감사하였다.

"마님께서 저희들의 목숨을 살렸습니다. 어찌 다만 저희들만 살렸을 뿐입니까. 나라의 근본(원자)이 마님 때문에 편안하게 되었습니다."

"공을 받을 사람이 있으면 죄책이 돌아갈 데도 있는 법이니 앞으로 이 일에 대해서는 다시 말하지 말라."

하고 함구령을 내렸다.

「동국여지비고」에 보면 연산군이 세자로 있을 당시 강희맹의 집을 들르면 늘 이 집 정원에 있는 소나무 그늘에서 놀았다고 하였다. 왕위에 오른 연산군은 소나무를 잊지 못해 벼슬을 내렸다. 전일에 중국의 진시황이 소나무 5그루에 대부(大夫)벼슬을 내린 것을 본따서 금띠를 이 소나무에 둘러주고 이 집 앞을 지나는 사람들은 말에서 내려 걸어가게 하였다. 그리하여 강희맹의 집 앞을 피마병문(避馬屛門)이라 하였다.

서대문 터(西大門址)

세 번이나 옮긴 새문

　서울성곽의 4대문 중 서쪽에 위치한 돈의문(敦義門)은 시대에 따라 서전문(西箭門)·신문(新門)·새문으로도 불리었지만 많은 사람들이 서대문(西大門)으로 불러왔다.

　이 문은 조선시대 5백년간 중국과 통하는 의주로(義州路)의 관문(關門)으로 지금의 고려병원과 경향신문사옥이 있는 '신문로' 고개 마루턱에 자리하고 있었다. 조선왕조가 한양에 도읍을 정한 후 태조 5년(1396)에 약 45리의 서울성곽을 쌓을 때 인마(人馬)가 출입하는 성문을 내면서 돈의문은 오늘날 사직터널 위쪽에 냈고, 태종 13년(1413)에 '종로'와 일직선 상에 있는 지금의 경희궁 터의 서쪽 담장 부근에 만들고 서전문(西箭門)이라 하였다.

　그 후 세종 4년(1422) 2월에 서울성곽, 즉 도성을 고쳐 쌓게 되면서 서전문을 헐고 그 남쪽 지점 언덕에 문을 새로 세우면서 돈의문(敦義門)이라고 명명하였지만 사람들은 흔히 '새문(新門)'이라고 불렀다. 옛 문헌에 따르면 태종 때 세운 서전문은 동대문과 같이 옹성(甕城)으로 축조되어 있었던 것으로 되어있다. 이로써 동대문에서 종로, 서대문까지 직선이었던 대로는 '새문'이 세워지면서 현재 신문로 2가 파출소 부근에서 남서쪽으로 구부러져 있다.

이 문은 역사적으로 이 괄(李适)의 난 및 을미사변과 연관이 있다.

먼저 인조 2년(1624) 1월, 인조반정에 대한 논공행상에 불만을 품은 평안병사 겸 부원수 이 괄은 반란군을 이끌고 질풍처럼 남하하여 2월 10일 서대문으로 입성하였다. 그러나 이 괄을 추격하여 온 장 만(張晩), 정충신(鄭忠信)이 거느린 정부군과 안산(鞍山, 또는 母岳)에서 싸움을 벌였다. 이 괄이 패전하여 가까운 서대문으로 들어오려 하자 서울시민들이 문을 닫아 버렸기 때문에 입성하지 못하였다. 이 괄은 할 수 없이 돌아서 남대문으로 입성하였다가 광희문으로 빠져 나가 이천에 이르는 길에서 부하의 손에 죽고 말았다.

그리고 조선말에 청일전쟁에 승리한 일본은 친일정권을 형성하는데에 방해가 되는 명성황후(明成皇后)를 시해(弑害)하는 을미사변을 일으켰다. 즉 1895년 8월 20일 일본공사 미우라(三浦梧樓)가 공덕동 아소당(我笑堂)에 머물고 있었던 흥선대원군을 앞장 세워 일본 불량배들과 서대문 앞에서 만나 합류하였다. 새벽 5시경의 파루(罷漏)가 울리면서 서대문이 열리자 곧 바로 광화문을 통해 경복궁을 침범하여 명성황후를 시해하였으니 이는 서대문에 얽힌 망국(亡國)의 한이 아닐 수 없다.

서대문은 일제 때인 1915년에 시구역 개수계획(市區域改修計劃)이라는 명목으로 도로 확장을 할 때 일본인들에 의해 헐리고 말았다. 일제는 서대문의 목재와 기와 및 석재를 경매하였는데 문루를 헐어 낼 때 그 속에서 불상과 기타 많은 보물이 나와서 이 문을 샀던 사람은 큰 횡재를 하였다는 일화가 있다.

현재 서대문이 있던 곳에는 1985년에 서울시에서 이 자리를 알리는 표석(標石)을 세워 놓았다.

인마가 드나들던 서대문 대신 표석이 세워지고 그 앞으로 많은 차량이 질주하고 있다. ▶

OO의 OOO터
서울의 서대문으로 속칭
서전문이다 태조5년(1396)
세우다 세종때 옮겼고 1915
년 일제가 철거하였다

6

보존해야 할 유산

숭례문(崇禮門)

남대문으로 불리우는 서울의 대문

　남대문의 원명은 숭례문으로서 '동방예의지국'을 나타낸 이름이다. 그
런데 남대문의 현판(懸板) 글씨를 세로로 쓴 데에는 깊은 사연이 있는 것
으로 전해 온다.

　"저기 보이는 숭례문의 현판을 세로로 쓴 특별한 이유가 있다던데요?"
　"글쎄, 그거야 예(禮)를 숭상하는 문이라는 뜻에서 공손하게 표현한 것
이 아닐까요."
　"내가 듣기로는 풍수지리설에 따르면 관악산(冠岳山)이 화산(火山)이므
로 도성 안의 화재를 예방하기 위해서 숭례문의 현판을 세로로 세워 놓
았다던데."
　"도성 안의 화재를 예방하기 위해서 현판 글씨를 세로로 썼다니……."
　"음양오행설에 따르면 '禮(예)'자는 불(火)에 해당되고, 불(火)은 남쪽을
표시하는 것이 아닙니까. 따라서 관악산의 화기(火氣)를 막으려면 숭례문
현판을 세로로 세워 놓아 불을 일으키면 맞불을 놓은 격이 되어 불길을
잡을 수 있다는 거지요."

이처럼 남대문의 현판에 대해서 흥미있는 이야기가 전해 오지만, 이 현판 글씨에 대해서도 여러 설이 있다. 먼저 태종 때 명필이던 공조참판 암헌 신색(申穡)이 숭례문의 현판 글씨를 썼다고도 하고, 중종 때 공조판서를 지낸 죽당(竹堂) 유진동(柳辰소)이 썼다고 하는 주장도 있으나 세종의 맏형 양녕대군의 글씨로 보는 이가 많다.

그런데 이 현판이 임진왜란 중에 사라졌다고 한다. 그래서 다시 써서 달았더니 다는 대로 현판이 떨어지므로 모든 사람들이 의아하게 여겼다고 전해 온다.

한편, 「한경지략(漢京識略)」에 의하면 광해군 때 청파동의 배다리(舟橋) 밑 웅덩이 속에서 밤에 서광이 비치더라는 것이다. 그래서 사람들이 이상히 여겨 파 보았더니 남대문 현판이 나왔기 때문에 다시 남대문에 걸었다는 것이다.

이러한 현판이 한국전쟁 때 일부 손상된 것은 안타까운 일이다.

예나 지금이나 남대문을 들어서면 광화문이 정면으로 보이는 까닭에 서울을 주택으로 비유하면 남대문은 대문이라고 할 수 있다. 또한, 이 문은 현존하는 성문 중에서 가장 크고 아름다운 데다가 조선 500년 문화의 상징적인 존재이며 중층(重層) 건물로는 대표적인 건축물로 꼽히기 때문에 국보 제1호로 지정되어 있다.

남대문은 태조 이성계 때 2차 도성 축조가 끝난 후에도 누각이 없이 무지개 모양의 홍예문(虹蜺門)만 조성되어 있었다. 이 문이 겹문루(重層門樓)를 갖춘 것은 그 후의 일로서 당시 건축 기술이 능숙한 승군(僧軍)을 동원해서 2년 만인 태조 7년(1398)에 완성되었다.

그로부터 50년이 지난 뒤 세종은,

"남대문이 저렇게 낮고 평평한 것은 처음에 땅을 파서 만들었기 때문이니 이제라도 그 땅을 높게 돋우어서 산맥에 연(連)하게 하고 그 위에 문을 세우는 것이 어떻겠소."

성벽은 헐려 나갔지만 여전히 서울의 관문으로 남대문이 존재하고 있다.

하고 대신들에게 묻자, 모두들 찬성하였다.

　이리하여 남대문은 세종 29년(1447) 8월에 해체하여 땅을 돋운 다음 이를 다시 복원한 것은 그 이듬해 5월이었다.

　이로부터 32년이 지난 성종 때, 남대문의 기초가 약했던지 남대문이 기울자 이를 중수(重修)하였다. 이때 남대문도 동대문처럼 옹성(甕城)을 쌓아야 한다고 채수(蔡壽)와 좌승지 김승경(金升卿) 등이 건의했으나 왕은 듣지 않았다.

　최근에 와서 남대문의 석재(石材) 등이 풍화한 데다가 한국전쟁 때 손상을 입어 1961년부터 1963년에 걸쳐 해체, 복원하였다. 이때 문루(門樓)와 홍예를 해체하여 풍화된 석재와 썩은 목재를 바꿔 옛 설계대로 복원하였다.

한편 융희 1년(1907) 8월 1일.

이날은 일제가 한국 군대를 강제로 해산시킨 날이다. 이날 해산식에 불참하고 국운을 염려하여 비탄 속에 잠겼던 박성환(朴星煥) 대대장은 해산 명령을 전해 듣고

"군인으로서 굴욕보다는 차라리 죽음을 택하겠다"

라고 하며, 차고 있던 권총으로 자결하였다.

이 광경을 목격한 부하 장병들은 분연히 궐기하여 탄약고를 부순 뒤, 무기를 들고 거리로 뛰쳐 나오자 다른 부대들도 이에 호응하였다. 이들은 남대문을 중심으로 일본군과 시가전을 벌이며 용전하였다.

그러나 기관총 등 신무기로 무장한 일본군의 적수가 못되어 200여 명이 사상하고 500여 명이 잡혔다. 결국 군대는 강제 해산되었지만 500년 조선왕조의 상징인 남대문을 의지해서 최후까지 일제 침략군과 싸운 군인 정신이야말로 남대문과 함께 길이 남을 것이다.

한편, 을사조약을 강제로 체결시키고 통감(統監)이 된 이등박문(伊藤博文)은 융희 2년(1908)에 일본 왕자를 조선에 초청하였다.

이때 일제는 일본국의 왕자가 남대문을 통과해서 서울에 들어올 수 없다고 결정하고 대포로 남대문을 허물어 버리려고 하였다. 그러나 우리 민족의 강력한 반대에 부딪치자, 이를 부숴 버리지 못하고 남대문의 서쪽 성벽을 헐어 내고 도로를 냈다. 그 이듬해에는 동쪽, 즉 남산 쪽으로 연결된 성벽도 헐어 냄으로써 남대문은 날개를 잃은 새 모양 외롭게 서 있게 되었다.

한편, 전에는 남대문, 서대문, 동대문 밖에 연못을 파서 각기 남지(南池), 서지(西池), 동지(東池)라고 불렀다. 특히, 남지는 연꽃이 유명하여 연지(蓮池)라고 칭했다고 「동국여지승람(東國輿地勝覽)」에 씌어 있다.

성종 때 한명회(韓明澮)는,

"조선 초에 연못을 파서 도성(都城)의 화기(火氣)를 진압하게 하였다."

라는 말을 했으므로 연못을 판 이유는 화재와 많은 관련이 있음을 알 수 있다.

조선말 헌종 때 이규경이 지은 「오주연문장전산고(五洲衍文長箋散稿)」를 보면,

남지(南池)가 폐기되고 물이 말라서 그 터만 남아 있다. 순조 23년 (1823) 늦은 봄과 초여름 사이에 남대문 밖에 사는 사람들과 돈과 쌀을 거두어 남지를 파 내고 물을 담아 옛모습을 다시 찾게 되었다.

이 당시 떠도는 말에 의하면 남인(南人)의 영수인 허목(許穆)이 대신이 되었을 때 이 연못을 파 냈는데 지금 또 파 낸다고들 하였다. 더구나 기이한 것은 그 날 남인인 채제공(蔡濟恭)이 복직되고, 또 남인으로서 과거에 급제한 사람이 4명이나 되었다.

라는 기록을 보아 그 당시 당파 싸움이 심할 때 남지(南池)가 남인의 득세와 연관이 있음을 시사하는 것으로 보인다.

숭정전(崇政殿)

동국대학교에 옮겨진 경희궁의 정전

남산 2호터널 입구와 인접해 있는 동국대학교 정문으로 들어오면 정각원(正覺院)이란 현판이 달린 다포계(多包系) 팔작지붕 건물이 세워져 있다. 이 건물은 원래 종로구 신문로 2가 2번지에 위치했던 경희궁의 정전(正殿)을 일제 때 이전해 놓은 것이다. 서울시 유형문화재 제20호로 지정된 이 건물은 광해군 8년(1616)에 경희궁을 건축하면서 지어졌는데 주춧돌과 기둥이 둥근 것이 특징이다.

경희궁은 경복궁·창덕궁·창경궁·덕수궁과 함께 서울의 5대 궁궐의 하나로서 조선 후기의 역대 왕들이 머물고 정사를 돌보던 곳이다. 이곳에 경희궁을 건축하게 된 것은 광해군이 신문로 2가의 색문동(塞門洞)에 왕기(王氣)가 서린다는 '색문동 왕기설(塞門洞 王氣說)'이 나돌자 이 풍수지리설을 눌러 왕위를 보전하고자 함이었다.

이에 따라 색문동에 위치한 정원군(定遠君 : 선조의 5남)의 집을 위시하여 이 지역의 민가를 이주시키고 궁궐 공사를 시작하였다. 궁궐 공사가 완공되었으나 광해군은 경희궁에 들지 않았다가 광해군 15년(1623)에 인조반정으로 왕위에서 물러났다. 따라서 반정으로 정원군의 장남인 인조가 왕으로 추대되고 정원군은 원종(元宗)으로 추존하였으니 이른바 '색문동 왕기설'은 적중한 셈이다.

숭정전은 경복궁의 근정전, 창덕궁의 인정전, 창경궁의 명정전, 덕수궁의 중화전과 같이 경희궁의 정전(正殿)이어서 국왕이 문무백관의 진하(進賀)를 받거나 조회(朝會)를 하는 중심되는 건물이다. 따라서 숭정전 앞에는 정1품부터 종9품까지의 문무백관이 서열대로 늘어서는 표지인 품계석(品階石)이 세워져 있었다.

조선후기 숭정전이 경희궁의 정전으로 자리잡고 있었을 때에는 둘레에 무랑(廡廊)과 담이 둘러 있었고, 그 둘레에는 남쪽에 숭정문(崇政門), 남동쪽에 건명문(建明門), 동쪽에 여춘문(麗春門), 서쪽에 의추문(宜秋門)이 있었다.

숙종 36년(1710)에는 국왕의 60세를 축하하는 헌수하례(獻壽賀禮)가 숭정전에서 있었고, 4년 뒤 정월 오일(午日 ; 12일 또는 24일)에는 이 곳에서 조회를 마친 후에 국왕이 지은 시가 「궁궐지」에 수록되어 남아있다. 그 후 경종·정조·헌종 세 임금은 숭정문에서 즉위식을 올린 뒤 이 전각에서 신하들의 하례를 받았다.

경희궁은 조선말 일제의 침략과 함께 수모를 당하게 되었다. 1907년에 서쪽 부분을 일제의 통감부 중학교로 사용하면서 훼손되기 시작하였다. 우선 경희궁 부지는 국유지로 편입되어 그 관리권이 1925년부터 경기도로 이전, 전환되었다. 1926년에 숭정전 전각은 일반에 매각되어 현재 동국대학교 자리의 일본 사찰인 조계사(曹溪寺)의 본당으로 쓰이게 되면서 궁궐 건물의 형태를 변형하여 사찰 건물 형태로 지었다. 현재도 숭정전은 동국대학교의 법당으로 쓰이고 있는데 내부에는 널마루가 깔리고 벽에는 유리창이 끼워져 있으며 기단석(基壇石)은 없어지고 장대석만 둘려져 있다.

동국대학교내 남쪽 언덕에 이전되어 강원으로 사용되고 있는 경희궁의 숭정전 ▶

　서울시는 경희궁 복원 계획에 따라 신라호텔 정문으로 사용하던 흥화
문을 다시 경희궁에 옮겨다 놓고, 숭정전도 원래 위치로 이전, 복원하려
다가 건물의 본모습이 많이 변형되었으므로 이전할 계획을 바꾸어 최근
에 새로 축조하여 복원하였다.

와룡묘(臥龍廟)

남산에 모신 제갈공명 사당

남산 부엉바위 약수 위쪽에는 서울시 민속자료 제5호로 지정된 와룡묘가 있다.

와룡묘는 중국 후한 말 삼국시대에 촉한(蜀漢)의 유비를 도운 제갈공명(諸葛孔明)을 모신 사당이다. 제갈공명은 이름이 양(亮), 호가 와룡(臥龍)이므로 와룡묘라고 한 것이다. 「조선왕조실록」에 의하면 와룡묘는 선조 38년(1605)에 평안도 영유현(永柔縣)에 공식적으로 창건되어 역대 왕들이 관원을 보내 제사를 지내거나 제문을 지어 보낸 일도 있고, 현판을 써서 내려 준 일도 있다.

남산의 와룡묘는 조선말 고종 때 엄상궁이 처음 건립하였다는 설이 있고, 6백여년 전부터 이 사당 뒤 바위벽에 제갈공명의 영상(影像)이 조각되어 모셔왔다는 설이 전해 온다. 조선 말 철종 때(1862) 유지들이 사당을 건립하여 와룡상을 모셨다고 하며, 와룡묘 외에도 뒷쪽에 삼성각(三聖閣)이 있고, 와룡묘 왼쪽에는 단군성전(檀君聖殿)이 있다.

이 사당은 일제 때인 1924년 화재로 소실되었는데 유지들이 다시 합심하여 중창하고 시봉인(侍奉人)을 상주시키며 아침 저녁으로 분향 배례(拜禮)하였다. 또한 와룡선생의 탄일, 기일, 명절 때에 제향하다가 건물이 퇴락해지자 1976년에 유지들이 합심하여 대대적인 보수공사를 벌였다.

와룡묘 내에는 가운데에 와룡선생의 석고상이 있는데 머리에 와룡관(臥龍冠)을 쓰고, 녹색 도포를 입었으며 낮은 의자 위에 앉아 있다. 오른손에는 우선(羽扇)을 들어 가슴쪽에 대고 있고, 왼손은 무릎 위에 내려놓고 있다.

와룡선생의 오른 쪽에는 유비와 의형제를 맺은 관운장(關雲長) 관성제군상(關聖帝君像)의 석고상이 있는데 황색 도포에 긴 수염을 늘어뜨리고 낮은 의자 위에 앉아있다. 그리고 오른 손은 펴진 책을 잡아 오른쪽 무릎 위에 얹어놓고, 왼 손은 책쪽으로 가볍게 드리우고 있다. 그리고 다리 사이에 긴 칼을 세워 왼쪽 무릎에 기대어 놓고 있다.

와룡 선생과 관성제군상 아래에는 긴 제단(祭壇)이 놓여 있고, 문 쪽에는 와룡 선생 앞에 일산(日傘), 관성제군 앞에는 큰 청룡도 두 자루와 삼지창 한 자루가 세워져 있다.

와룡묘 뒤의 삼성각은 통칭 산신각으로 가운데에 산신님, 오른쪽에 칠성님, 왼쪽에 독성님 등 삼신(三神)을 모시고 있다.

산신님은 부조(浮彫)로서 머리에는 복건을 쓰고 수염을 길게 늘인 채 붉은 도포에 녹색 옷을 아래에 입었다. 왼쪽 무릎을 세우고 앉아 있고, 오른손에는 우선을 들고 있으며 뒷쪽에는 호랑이를 데리고 있다.

칠성님은 부처상이며, 독성님은 대머리에 붉은 도포를 입고 있는데 오른손에는 단장, 왼손은 염주를 굴리고 있는 모습을 하고 있다.

또한 와룡묘 왼쪽에 있는 단군성전의 단군상(檀君像)은 석고상으로 만들어져 있는데 복식은 물감으로 그리고 도포에 긴 수염을 늘어뜨리고 양손을 소매 안에 넣은 채 의자에 앉아 있다.

와룡묘에서는 매년 음력 6월 24일, 와룡선생과 관성제군 두 분을 위하여 제사를 지내며 이곳을 드나들던 사람들이 모여 참여한다.

중국 후한 말 삼국시대의 촉한 유비를 도왔던 제갈공명을 모신 사당 ▶

298

원구단 터(圜丘壇址)

고종황제 즉위식을 올린 조선호텔 자리

서울의 한복판인 현재 조선호텔이 자리하고 있는 곳은 대한제국이 설립된 원구단이 있었던 사적지이다.

이곳은 일찍이 조선 초 태종의 둘째공주인 경정공주(慶貞公主)와 부마 조대림(趙大臨)이 거주하여 소공주댁(小公主宅)이라 불려졌으므로 소공동이란 동명이 유래되었다. 선조 16년(1853)에는 이 집을 화려하게 개축하여 3남 의안군 성(城)에게 하사하였으나 임진왜란 이후에는 남별궁(南別宮)이라 하여 중국사신이 유숙하였다. 조선말에 지은 「한경지략(漢京識略)」에 보면 남별궁에는 명설루(明雪樓)라는 누각이 있고, 그 뒤뜰에는 작은 정자가 있다고 하였으며 또한 돌거북이 있는데 사람들이 영험하다고 하여 이 거북에게 빌기도 하였다는 것이다.

조선말에 외국세력이 밀려오던 1897년 10월 12일, 고종은 대한제국 황제에 즉위하기 위하여 조선호텔 현관 부근에 하늘을 본따서 원형의 3층으로 된 원구단(圜丘壇)을 쌓은 다음 백관을 거느리고 천신지기(天神地祇)에 제사를 지냈다.

이 원구단은 환구단, 또는 원단(圓壇)이라고도 불리는데 일제가 1913년 4월에 이 단을 헐어버렸으므로 광복 후에 사적 제157호로 지정하여 보호하고 있다. 조선총독부는 이 자리에 건평 580여평의 조선총독부 철도호텔을 짓기 시작하여 이듬해 9월에 준공하였다. 철도호텔 건물은 광복 후에 조선호텔로 사용하다가 1968년에 철거한 후 현재와 같은 고층 건물이 들어섰다.

현재 원구단 터에는 그 정문인 광선문(光宣門)은 훼손되어 보이지 않고, 8각형 3층 건물의 황궁우(皇穹宇) 한 채와 그 동쪽에 용무늬를 그린 북모양으로 된 석고석(石鼓石) 3개 만을 조선호텔 뒤쪽에서 볼 수 있다. 이 석고석의 용무늬 조각은 조선말의 최고 솜씨라고 알려져 있다.

황궁우는 원구단을 쌓은지 2년 뒤인 1899년에 완공되었는데 이 건물의 상량문(上樑文)은 윤용선(尹容善)이 짓고, 서정순(徐正淳)이 글씨를 썼다. 그 후 1901년 12월에 관리들과 유지들이 모여 고종황제의 성덕(聖德)을 찬양하기 위한 석고단을 세우기로 하여 이듬해에 준공되어 오늘날까지 남아있게 되었다.

원구단은 태조를 고황제(高皇帝)로 추존하고 하늘과 땅의 신인 천신지기에 제사를 올렸던 단이고, 황궁우는 천신지기와 고황제의 위패를 모신 사당이다. 석고단은 중국 주(周)나라 때 선왕(宣王)의 덕을 칭송하는 글을 북모양의 돌에 새겨 10곳에 세웠다는 고사가 있으므로 이를 본떠 고종의 성덕을 찬양하는 석고문(石鼓文)을 새긴 것이다. 이 석고단도 일제가 1927년에 광선문과 함께 헐어버렸으므로 석고만 남은 것을 현재 자리로 옮겨 놓았다.

황궁우는 8각으로 쌓은 화강암 기단 위에 세워져 있는데 남쪽 섬돌로 오르내릴 수 있게 되어 있다. 3층 팔각집의 1·2층은 통층으로 되어 있는데 그 중앙에 신의 위패(位牌)를 모셔놓게 하였으며 3층은 각면마다 3개의 창을 내었다.

조선 태조의 위패를 모신 사당으로 8각형 3층 건물의 황궁우가 조선호텔 후원에 있다. ▶

302

황제 즉위식은 고종이 아관파천에서 나와 덕수궁에 머물게 된 직후에 치르게 되었는데 고종은 이 의식을 별로 달가와하지 않았다. 즉위식이 있던 날 아침, 어느 선왕이 나타나

"옛부터 있어온 유풍(遺風)을 변혁해서는 안된다"

라며 노한 얼굴을 하고 사라졌다는 꿈이야기를 고종은 근시(近侍)들에게 말하였다.

그리고는 즉위식장으로 떠날 시각이 훨씬 지나도 마련해 놓은 대연(大輦)에 탈 생각을 하지 않았다. 고종은 40명이 메는 호화로운 대연을 보자 화를 내면서 4명이 메는 소연(小輦)으로 바꾸지 않으면 타지 않겠다고 고집을 부렸다.

결국 3색기를 든 전위대가 앞을 서고 대신들이 말을 탄 채 뒤를 따랐으며 일본군의 호위를 받는 행렬이 이루어졌다. 그런데 철종의 부마이며 내부대신인 박영효(朴泳孝)가 말에서 떨어지자 고종은 뒤돌아 보고

"불길한 일이로다"

하고 크게 한숨을 내쉬었다.

황제 즉위식이 있던 날 경운궁(현 덕수궁)에서 원구단 정문에 이르는 연도에는 수많은 사람들이 손에 축기(祝旗)를 들고 환호하는 가운데 고종이 행차하였다. 원구단에서 하늘과 땅에 고하는 고천지제(告天地祭)를 지낸 다음 백관들이 무릎 꿇고 받드는 가운데 금빛 찬란한 즉위단 의자에 올랐다.

이 당시 수구파의 대신들은 이 황제즉위식을 반대하여 며칠 전부터 단식을 하고 있었고, 지방에서는 선비들이 망배(望拜)하면서 통곡을 하고 있었다. 이를 지켜본 외국인은 세계 역사상 이토록 즐겁지 않은 황제즉위식은 전무후무하다고 기록하였다.

황제즉위식을 올린지 3년 후에도 광무황제는 대신들을 거느리고 원구단에서 제사를 지내기 위해 삼엄한 경계 속에 행차하였다. 원구단에 포

조선말 최고의 조각 솜씨를 자랑하는 용무늬를 그린 북모양의 석고석.

장을 두르고 제사를 올리는 데 갑자기 하얀 포장 틈으로 중 한 사람이 불쑥 뛰어 들어와 초능력인 천안통(天眼通)으로 황제의 앞날을 예언하겠다며 큰소리 치는 변이 일어났다. 엄숙하게 제사를 지내던 사람들이 혼비백산하여 제사가 난장판이 되고 말았다. 소란을 일으킨 자를 잡아 문초 해보니 개운사의 승려임을 밝혀냈다. 이에 따라 개화를 주장한 봉원사의 승려 이동인(李東仁) 덕분에 한 때 허용했던 승려의 도성 안 출입은 3년만에 다시 금지되었다.

구 러시아 공사관(舊露西亞公使館)

고종이 1년간 머물던 정동의 러시아 공사관

이화여고 북문 건너편 언덕에는 사적 제 253호로 지정된 구 러시아 공사관이 서 있는데 현재는 르네상스식 건물의 탑 부분만 남아있다.

이 건물은 줄여서 아관(俄館)으로 불리었다. 1890년 러시아인 기사 사바틴(Sabatine)이 설계하여 지은 이 건물은 한국전쟁 때 불타버려 탑 부분과 지하 2층만 남아있다. 이제는 조선 말에 찍은 사진으로 그 옛 모습을 겨우 볼 수 있을 뿐인데, 1973년 서울시에서 남은 건물만 보수하여 관리하고 있다.

이 건물이 위치한 곳은 조선 초 연산군 때 왕실의 말을 기르던 마장(馬場)의 운구(雲廐)로 사용한 곳이었다고 한다. 이 건물이 지어질 때에는 시내 중심가의 높은 곳에 세워졌으므로 어디서나 볼 수 있었다. 조선 말 아관파천(俄館播遷) 때 러시아 공사관에 들어가 본 에비슨박사는 건물 내부의 모습을 이렇게 묘사하였다.

르네상스식으로 장식한 넓은 만찬실은 고종이 거실로 사용하였는데 방의 벽은 꽃무늬 융단이 장식으로 걸려있고, 천정 가운데에는 일곱 가지의 촛불 샹들리에가 달려 있어 환하게 비추고 있었다.

동쪽 벽에는 쇼파 모양의 용상(龍床)이 마련되고 그 앞에는 호피(虎皮) 한 장이 깔려 있었다. 그 용상 오른쪽에 찻잔이 놓인 삼각받침대, 왼쪽에 돌사자 조각, 그 뒤에 3층 조선장이 놓여 있었다. 그리고 거실 서쪽벽에는 왕의 침대, 남쪽 벽에는 쇼파셋트가 있었다.

이 만찬실에 잇따른 작은 측실에는 왕의 시중을 드는 상궁들이 거처하였고, 나머지 궁녀들은 거처할 방이 없어 공사관 복도에 칸을 막아 지냈다. 그리고 공사관의 무도실(舞蹈室)에서는 정치를 논의하였다.

이 당시 무도실은 러시아공사 베베르 부인이 수요일마다 외교관 부부를 초대하여 사교댄스를 즐겼던 곳인데 아관파천 후에는 이완용, 이윤용, 이범진 등 친러파 대신들의 출입이 잦았다.

고종이 거실로 사용한 만찬실 창 밖에는 행인이 볼 수 있도록 대포한 문이 장치되어 있었고, 정문에서 현관에 이르는 길에는 100여명의 러시아 수군과 해병대가 수비하였으며 정문 밖에는 조선 군사가 착검한 채 길목을 지켰다. 한편 이 공관 마당에서는 러시아 사관들이 조선의 양반 자제들을 뽑아 훈련시켰으므로 고종은 러시아 공사관에 머무는 동안 이들의 제식 훈련하는 것을 바라보는 것이 소일거리였다는 것이다.

이 러시아 공사관은 1896년 2월 11일 경복궁을 몰래 빠져 나온 고종이 그 이듬해 2월 20일까지 1년 10일간 머무른 장소였다. 1895년 10월 8일, 일본에 의해 민비가 시해된 을미사변이 일어나고 친일정부가 들어서자 친러파의 이범진 등과 러시아공사 베베르는 고종을 보호한다는 명분으로 러시아 수병(水兵) 100여명을 인천으로부터 서울로 끌어들여 고종과 왕세자를 러시아 공사관에 아관파천(俄館播遷) 시키기로 계획하였다.

넓은 터 높은 지역에 우뚝 자리잡고 있는 흰 건물이 이채롭다. ▶

그리하여 1896년 2월 11일 새벽에 베베르 공사는 러시아군 50여명을 경복궁으로 보내어 고종이 궁녀가 타는 가마에 올라 경복궁 북쪽의 신무문을 몰래 빠져 나오도록 하는데에 성공한 후 러시아공사관, 즉 아관(俄館)으로 모셨던 것이다. 이로써 친일파 정부는 무너지고 친러정부가 세워지게 되어 조선의 많은 이권(利權)이 러시아로 넘어갔다.

1904년 초에는 한반도를 둘러싸고 러시아와 일본의 관계가 악화되다가 러일전쟁이 발발하였다. 이 해 2월에 인천 앞 바다에서 러시아 군함 두 척이 일본 해군에 의해서 격침되는 등 러시아의 전세가 불리하여 결국 패전하게 되자 러시아 공사와 그 부인을 비롯하여 러시아군 80여명은 일본군에 의해 무장 해제 당한 후 인천항을 통해 러시아로 강제 송환되었다.

이어 공관 직원들도 이 건물을 폐쇄하고 프랑스 공사에게 관리를 맡긴 다음 출국하였다.

그 후 러시아와 일본의 국교가 재개되면서 이 건물은 다시 러시아 영사관으로 쓰였다. 8·15광복 후에도 러시아 공사관에는 한동안 소련국기가 게양되다가 미·소공동위원회의의 결렬로 1947년 6월, 러시아의 니콜라이 영사는 추방되다시피 하여 38선을 넘어 북으로 갔다.

광희문(光熙門)
상여가 나가는 일명 시구문

지하철 2호선 동대문운동장 남동쪽 출구에서 신당동으로 가는 낮으막한 고개에 이르러 퇴계로 쪽으로 길을 건너면 광희문이 세워져 있는 것을 볼 수 있다.

광희문은 소의문(昭義門), 혜화문(惠化門), 창의문(彰義門)과 함께 서울 성곽의 4소문중 하나이다. 그 중 소의문과 혜화문은 일제 때 헐려 없어졌으나 1994년에 혜화문은 서울특별시에서 복원하여 그 모습을 볼 수 있게 되었다.

광희문은 일명 시구문(屍口門), 수구문(水口門)으로 불리었는데 이는 소의문(서소문)과 더불어 서울 시민들이 죽으면 상여(喪輿)에 싣고 운구(運柩)하는 저승문이었기 때문이었다. 조선왕조 5백년간 도성 안에서 죽은 사람의 시신(屍身)은 반드시 이 두 문 중에서 하나를 거쳐 나갈 수 밖에 없었다. 조선시대에 상여는 4대문은 물론 창의문이나 혜화문 등의 소문도 통과할 수 없다는 금령(禁令) 때문에 신당동·왕십리·금호동 방면에 묘지를 잡게되면 광희문을 거쳐서 운구하였다.

광희문은 조선 초 태조 5년(1396)에 서울성곽을 쌓을 때 남소문(南小門) 역할로 축조되었지만 속칭 시구문 또는 수구문(水口門)이라고 하지 남소문이라고는 부르지 않았다.

조선 초에 도성에서 한강나루(한남동)를 통하여 남쪽으로 가려면 광희문을 이용해야 하는데 한강나루까지 거리가 멀어 불편하였다. 그리하여 도성에서 곧 바로 나갈 수 있는 문을 새로 설치하자는 건의에 따라 현재 타워호텔이 세워진 부근인 버티고개에 남소문을 새로 건립하였다.

그러나 이 문은 설치된지 12년 만인 예종 1년(1469)에 지경연사 임원준(知經筵事 任元濬) 등이 수레 등이 다닐 수 없으므로 실용성이 없다고 주장하는 한편, 음양가(陰陽家)들이 서울의 남동쪽을 개방하면 화가 미친다고 주장하자 예종이 그 건의를 받아들여 폐쇄하게 되었다. 따라서 이 시대에 풍수사상이 얼마나 강하게 작용하였는지를 알 수 있는 좋은 예라 하겠다.

서울의 남동쪽을 개방하면 화가 미친다는 주장의 근거는 남소문을 건축한 직후에 세조의 장남 의경세자가 세상을 떠났고, 또 하나는 남소문을 열어 놓으면 도성 안의 여자들의 음행(淫行)이 많아진다는 것이다.

그 후에도 이 문을 개통하자는 의견이 명종과 숙종 때에 여러 차례 제기되어 많은 논의가 있었으나 결국 풍수사상에 의한 반대에 부딪혀 개통을 보지 못하고 말았으므로 조선말까지 남소문의 역할은 광희문이 담당하게 되었다.

남소문은 비록 폐쇄되기는 하였으나 조선 말까지 존속하였을 것으로 보이는데 언제 훼손되었는지는 알 수 없다. 그러나 일제 때에 이르러서는 남소문의 주초(柱礎)마저 없어졌다.

예종 때 남소문이 폐쇄되기 직전 이 곳에는 이른바 떼강도가 출현하여 문을 수비하던 군사 2명을 살해하고 수문장을 협박하여 약탈해 간 사건이 발생하였다. 이를 '남소문 적도사건(南小門賊徒事件)'이라고 하는데

이 보고를 들은 예종은 크게 놀라 이를 중대시하여 형조에게 명하여 범인들을 체포하게 하였다. 이윽고 혐의자 20명이 체포되자 예종은 승정원으로 하여금 엄히 국문(鞫問)하게 하니 문초를 받다가 4명이 장살(杖殺)되기도 하였다.

명종 9년(1554)에는 광희문 밖 일대가 도적의 소굴이 되어 밤이면 인마(人馬)가 통행하지 못하는 일이 있었다. 그리하여 명종 때는 남소문이 막혀 있으므로 도적들이 낮에 이 부근에 숨었다가 밤이 되면 성벽을 넘어 도둑질을 하는 것이니 이 문을 열어 피해를 줄이자고 주장하는 사람들이 나오기도 하였다.

연산군 10년(1504) 7월에는 국왕이 살인과 음행(淫行)을 저지르므로 인해 나라가 망하게 되었다는 말이 나돈다는 익명(匿名)의 투서가 있었다. 이에 노발대발한 연산군은 투서한 범인을 체포하기 위해 도성의 모든 문을 닫도록 한 뒤 창의문에서 서대문·남대문·광희문을 거쳐 동대문·동소문까지 이르는 성곽 위에 군사들은 물론 궁중의 내관까지 배치하여 15일 동안 대대적인 수색을 한 일도 있었다.

조선 말 광무 3년(1899)에 전차가 개통되고, 도로 개설로 서울성곽이 철거되기 시작하면서 광희문과 동대문까지의 성곽이 모두 헐려 옛 모습을 잃게 된데다가, 일제 때인 1915년 경 광희문 문루(門樓)가 무너져 내려 홍예(紅霓)만 초라하게 남아 있었다.

이로부터 60여년이 지나 서울시에서 1974년 12월부터 이듬해 11월까지 광희문의 홍예를 남쪽으로 약 15미터 이전하여 복원하는 한편 문루를 올림으로써 옛 모습을 되찾게 되었다.

중명전(重明殿)

을사조약이 강제 체결된 덕수궁 내의 전각

정동교회 북쪽, 도로 건너편에 위치한 서양식 벽돌 기와지붕의 2층 건물은 서울시 유형문화재 제53호로 지정된 중명전으로 1905년 일제의 강압에 의하여 을사조약이 체결된 곳이다.

중명전은 대한제국 때인 광무 4년(1900년)에 완공된 덕수궁 내에 지어진 최초의 서양식 건물이다. 즉 중명전은 당시 덕수궁 내의 수옥헌(漱玉軒) 블럭 중의 여러 전각 중에서 가장 중요한 건물이었다.

당시의 수옥헌 블럭 중에는 이 중명전 외에 만희당(晩喜堂)이 있었고, 중명전 북쪽에 흠문각(欽文閣), 서쪽에 장기당(長蘷堂)과 황태자비 윤씨가 거처하던 양복당(養福堂)과 경효당(景孝堂)이 있었다. 또한 수풍당(綏豊堂)과 그 남쪽에 정이당(貞頤堂)이 있었고, 그 남쪽에는 황태자비인 민비가 거처하다가 1904년에 운명한 강태당(康泰堂)이 있었으며, 영친왕이 왕세자 때 거처하던 환벽정(環碧亭)이 있었다. 이 전각들은 일제 때 만희당이 이건되어 창덕궁 내 낙선재의 일부가 되는 등 중명전 외에는 모두 헐려 남아있지 않다.

중명전은 이 당시 러시아인 사바틴(Sabatine)기사가 조선에 머무르면서 건축에 많이 참여하였으므로 러시아 건축양식의 영향을 많이 받았다

덕수궁 내에 지어진 서양식 건물, 을사조약이 체결된 중명전이다. 지금은 담너머 건
너편에 있다.

고 할 수 있다. 그런데 일제 때 1925년 화재가 일어나 중명전 내부가 모
두 불타버리자 이를 다시 복구할 때 원형을 많이 훼손시켰으므로 이제는
제 모습을 볼 수 없다.

중명전은 대한제국 때 고종황제가 외국사신을 알현하던 곳으로 쓰였
고, 때로는 연회장으로도 사용되었다. 광무 10년(1906) 황태자가 윤비(尹
妃)를 맞아 가례를 올렸을 때도 이곳에 외국사신들을 초청하여 연회를
베풀었다.

일제 때 1915년에 중명전은 경성구락부(京城俱樂部, Seoul Union)에 임
대되어 1960년대까지 사교장으로 사용되었다. 경성구락부는 서울에 와있
던 서양사람들이 1888년 7월에 사교를 위해 설립한 것으로 미국공사관
앞에 위치하다가 중명전을 임대하여 반세기 이상 사용하였다. 이 건물의

316

소유는 영친왕비 이방자(李方子)여사 명의로 되어 있었으나 1960년대에
매각하여 소유자가 변경되었다.

박 경 룡

1940년 서울 종로구 연건동 출생
성균관대학교 문과대학 사학과 졸업
서울대학교 대학원 수료
숭실대학교 대학원 사학과 졸업(문학박사)
단국대학교·서울교육대학교·서울여자대학교 강사
현재 서울특별시 시사편찬위원회 연구간사

저서
「서울문화 유적 ①」(1997)
「문화유산과 관광자원」-서울편(1987)
「서울사화」(1986)·「개화기 한성부 연구」(1995)
「역사 문화유적의 현장을 찾아」(1995)

편저
「서울의 역사」·「서울육백년사」·
「한강사」·「서울행정사」 등

논문
「조선전기의 잠실도회」외 다수

서울의 향기① - 남산 아래 큰 동네

지은이·박경룡
펴낸이·이수용
편집기획·중구문화원
펴낸곳·수문출판사

1997년 12월 10일 초판 인쇄
1997년 12월 15일 초판 발행
출판등록 1988. 2. 15. 제7-35호
132-033 서울 도봉구 쌍문3동 103-1
전화)994-2626, 904-4774 FAX)906-0707

* 파본은 바꾸어 드립니다.
ISBN 89-7301-067-0